マンガde

太陽電池

高橋達央［著］　Takahashi Tatsuo

電気書院

前書き

私たちの生活を支えるエネルギーのほとんどは、石油だったり天然ガスだったり、いわゆる資源エネルギーに依存しています。

しかし、そうした資源は有限であり、いつかは枯渇するものです。

たとえば、石油がなくなれば、自動車が動きません。船も飛行機も、ほとんどの火力発電所も稼働しません。当然、私たちの生活は従来の機能を失い、原始的な動力源にエネルギーを求めざるをえなくなります。たとえば、人力だったり、水や風などを利用するわけです。

天然ガスがなくなっても同じです。

ガスの供給が絶たれ、しかも電気も使えなくなると、私たちの生活環境は、少なくとも産業革命以前の姿に戻ることになります。日本では、江戸時代に戻ったと考えればわかりやすいでしょう。車の代わりに、馬や駕籠を使うのです。船も、帆船や手漕ぎ舟です。

まぁ、地球の環境にはそれがよいのかもしれませんが、人類の歴史は進歩の歴史であり、後退するものではありませんでした。ただし、この場合の進歩とは、あくまでも科学的な進歩のことであり、内面的な進歩とは違います。したがって、現在の科学的レベルを保ちながら、かつ住環境の機能を維持しつつ進歩を望むのなら、石油などのエネルギーに代わる新たなエネルギー源が必要です。

当然、そうした新たなエネルギーとして考えられるのは、太陽光です。

太陽は、おそらく人類が存在しうる間は、永遠不滅のエネルギー供給源でしょう。地球に人類が誕生し、ここまで進歩してこられたのは、太陽の恩恵があるからです。

ところが、人類は石油などの資源を大量に消費することで、地球の環境を損ない、人類そのものに被害を及ぼすという大

▶IV◀ 前書き

失態を演じてしまいました。しかも、人の数は膨大に増え、それに伴い、資源の消費量もどんどん増えています。このままでは、間違いなく、近い将来資源は枯渇し、青く美しい地球も、黒ずんだ群青色の星に変わってしまうことでしょう。

太陽光発電は、すでに新たなエネルギーとして利用されています。現在は、まだそれほど普及していませんが、やがて利用規模が広がっていくでしょう。石油の時代は先が見えていますし、地球環境を考えたら、次は太陽光発電の時代だということは、誰の目にも明らかなのです。

第一、産油国が世界経済の動向を大きく左右するというのは、市場経済の面から見てもよくありません。それに比べて、エネルギーを安定供給できる太陽光発電は、日常生活の安定とクリーンな住環境を提供できるわけですから、できるだけ早く石油から太陽光発電の利用へとシフトすべきだと考えます。

ところで、日本が、太陽光発電の分野で世界をリードしているというのは、嬉しいことです。まだまだ、太陽光発電の設置は少ないですが、日本の政府や公共団体では、太陽光発電設置のための補助金制度を設けており、これからさらに設置数も増えていくことでしょう。

ちなみに、学校の電力源に太陽光発電を利用しようという政府の期待もあり、将来に明るい兆しが見えています。

学校は、全国各地に数多く設置されている公共施設です。そのため、国としては、数多くの学校が環境対策の実践の場となることで、地域における環境対策の推進にも貢献するものと期待しているようです。

地球温暖化対策は、全世界の共通の懸案事項です。

政府は、京都議定書を地球温暖化対策のスタートとして、温室効果ガスの削減目標を掲げ、世界をリードする形で取り組みが行われています。ただ、国の利益を損なうという理由から、一部の国が尻込みをしています。地球という土俵がなくなってしまったら、相撲もとれんでしょうに。ばかげたことです。

そして、こうした地球温暖化対策の先端を切るのが、太陽光発電の利用でしょう。

ちなみに、地上に降り注ぐ太陽光エネルギーは、地球上で人類が消費するすべてのエネルギーをカバーできると言われています。太陽には、それほどのエネルギー潜在量があり、かつクリーンで地球に優しいのです。

ただし、紫外線は有害ですし、オゾン層が破壊されると、太陽光は危険なものとなります。そうならないように、私たち人類が務めていくことが大事です。

私たちが未来を想像するとき、多くの人は科学の進歩を予想し、交通の手段や住環境の機能性の進歩を重視しがちです。

しかし、最も大事なことは私たちの生活なのです。明るく健康的な日常が保障される世界、それが大前提であり、交通の手段や便利さ等は副次的なものです。

そして、明るく健康的な未来は、健康的な地球環境なくして成り立ちません。不健康な地球には住めないのです。

そうした健康的な地球を維持していくには、エネルギーとしての太陽光発電は欠かせなくなるのです。

本書は、難しい理論を極力省き、太陽光発電の根本的な原理と考え方を紹介するものです。しかも、マンガ仕立てですので、すぐに読み切ることができます。おそらく2〜3時間で読めるはずです。

この本を読んでくれた多くの方々が、人類の明るい未来を考え、太陽光発電の素晴らしさを知ってくれたら幸いです。

なおかつ、本書を入り口に、太陽光発電の研究に進まれる方が出てくれたなら、望外の喜びです。

未来を信じて、未来を担う若者たちを信じて、この本を描きました。

青く美しい地球に、太陽の光が永遠に降り注がんことを願っております。

２０１０年1月吉日

高橋 達央

目次

★登場人物

加納　修平
橋戸高校一年生で陸上部の短距離選手。
太陽電池に興味を持ち始める。

奈良橋　雪絵
橋戸高校一年生で
陸上部のマネージャ。

一ノ関　俊正
橋戸高校二年生。
陸上部の先輩。

野辺　琢磨
セキヤマ住宅の設備部部長。
太陽電池に詳しい。

加納　絵美子：修平の母。
加納　哲彦：加納修平の父で、
セキヤマ住宅の営業部長。

加納　哲太郎
修平の祖父。
67歳

第一章 太陽電池とは

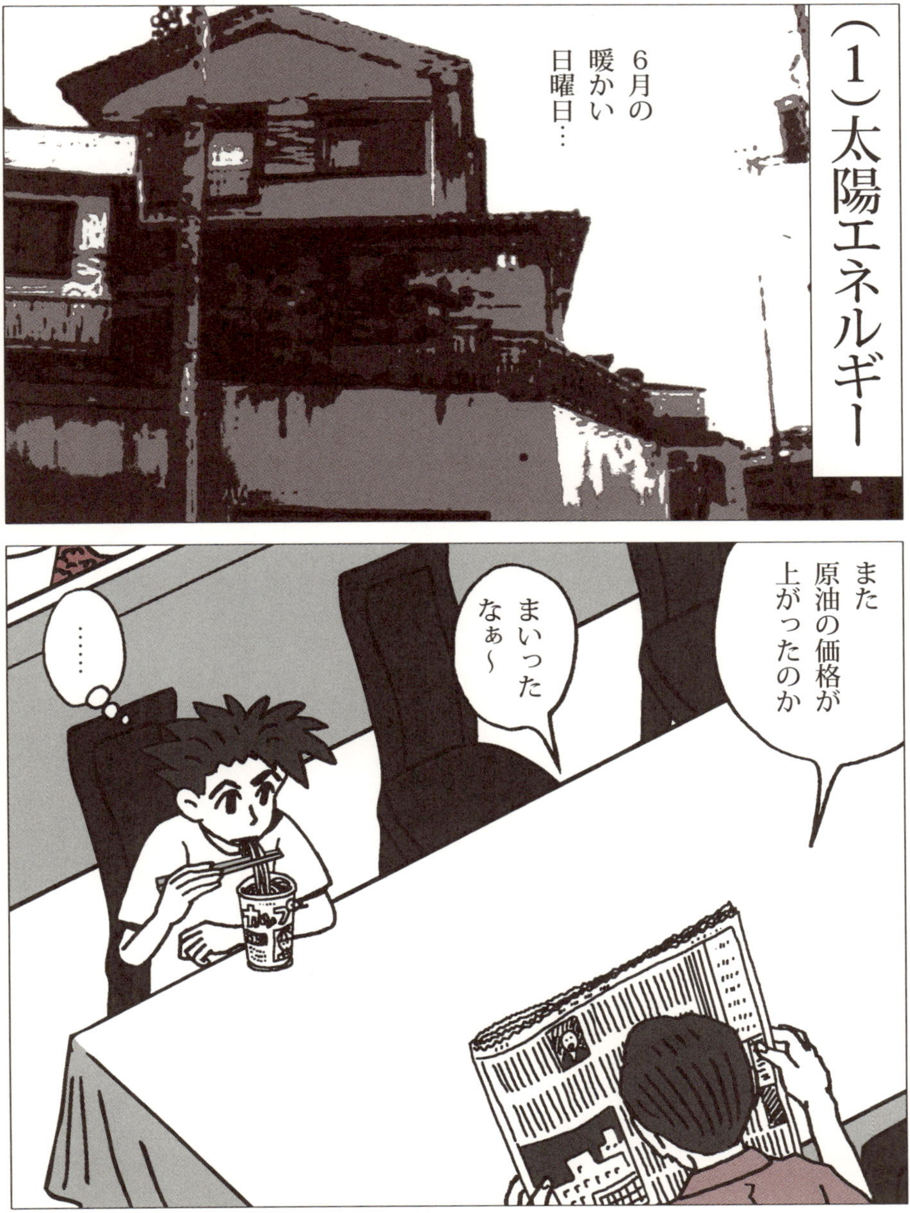
（1）太陽エネルギー
6月の暖かい日曜日…
また原油の価格が上がったのか
まいったなぁ～
……

原油価格が上がって困るのは車を使う人だけじゃん
おれらには関係ねえもん…
加納　修平／橋戸高校の一年生で陸上部の短距離選手
おいおい修平
原油が上がって困るのはなにも　車に乗っている人だけじゃないぞ
加納　哲彦／加納修平の父で、セキヤマ住宅の営業部長
どうして？
まぁほとんどの商品の価格が上がると思ったほうがいい
現にいろいろな生活必需品の値上がりが始まっている

3
（1）太陽エネルギー

親父
どういう
ことよ？
企業が
商品の輸送手段に
トラックを
使っていたら
ガソリン代の
負担分を
商品の価格に
反映させて
値上げするだろう
おまえの大好きな
インスタントラーメンも
最近　値上がりした
ばかりじゃないか
商品価格Ａ円
うちガソリン代Ｂ円
商品価格
（Ａ＋Ｃ）円
うちガソリン代
（Ｂ＋Ｃ）円
ガソリン代
C円 up!
おそらく
もっと
高くなるぞ…
マジかよぉ
やっべぇ～

親父どうにかなんねえもんかなぁ？
中国やインドの経済発展が原油の消費を拡大させているし産油国の国情が不安定だということも原油価格を底上げさせている原因だからな…
う～ん…
まぁどうにもならんだろう…
修平よ世の中の厳しさを知って人間は成長していくんだぞ！
世の中石油で動いてんのかぁ間違ってるぜ…

5
（1）太陽エネルギー

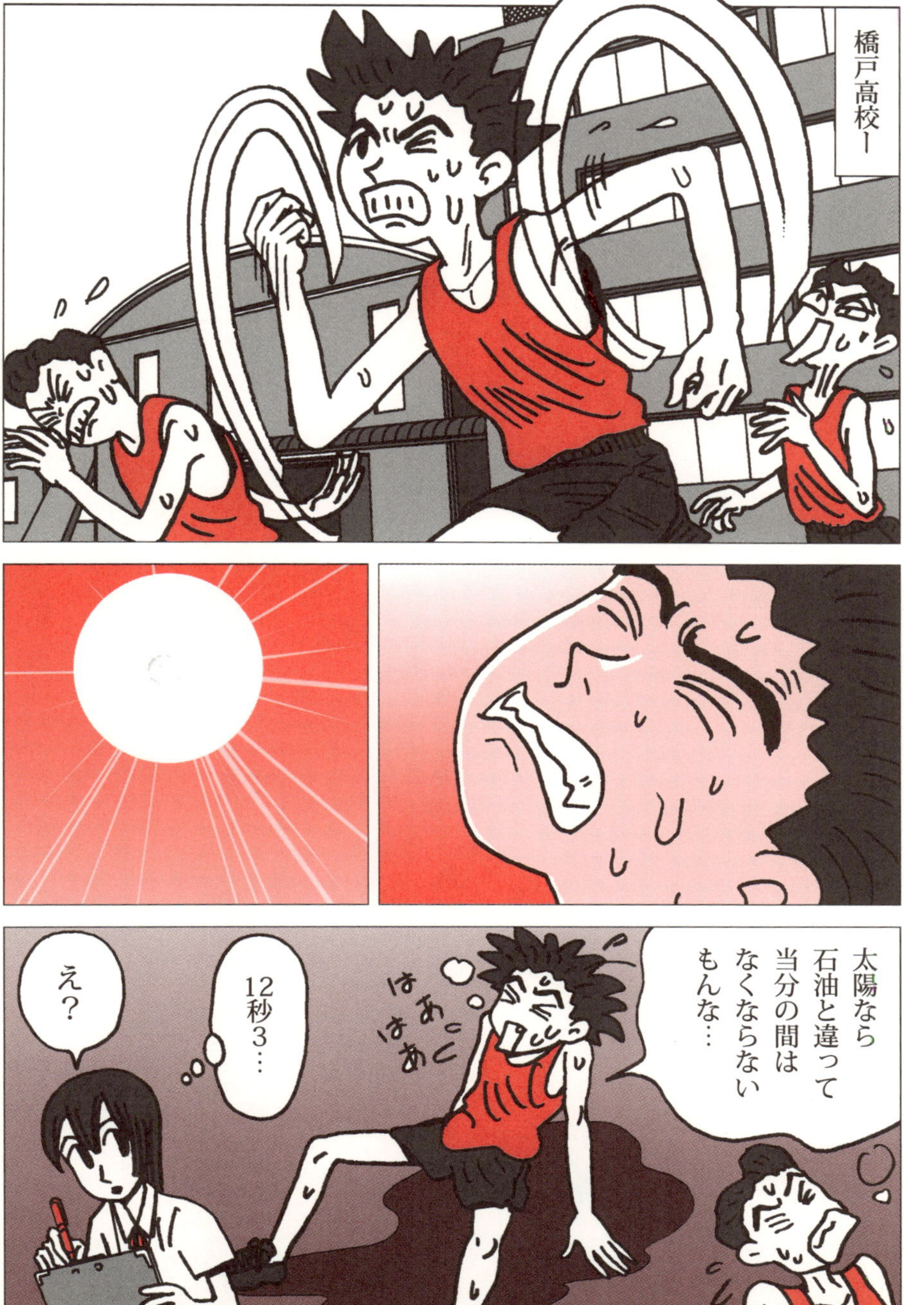
橋戸高校ー
太陽なら石油と違って当分の間はなくならないもんな…
はあ はあ
12秒3…
え？

ここんとこさらに原油が高騰してるじゃん
ガソリンだといつかはなくなるという不安があるけど太陽だったらそんな心配もほとんどないし…
奈良橋　雪絵／橋戸高校一年生で陸上部のマネージャ
だいいち太陽のエネルギーを利用したら　少なくともエネルギーの価格が大きく変動するなんてことはないだろ
てゆーか太陽がなくなったらわたしたち生きてけないけどね
だだよね
死んじまったらエネルギーも関係ねーもんな
ははは…
太陽エネルギーってもうすでに利用されてるよね電卓やソーラーカーなんかに…

7
（1）太陽エネルギー

え！そうなの？
ちっとも知らんかった…
だ だよね…
でもまだまだ少ないんだろ…
そうね
修平がそんなこと考えてるなんて意外だなぁ
おれだって悩みはあるし普通に世ん中のこと考えてんだぜ

おーい
加納！
おまえの悩みは１００メートルで12秒切ることだろーが！
おまえリレーのメンバーに入ってんだかんな！しっかり練習しろよ！
そうそう一ノ関先輩の言う通りよ！
は〜い
わかりました〜
太陽ね…

9
（1）太陽エネルギー

太陽エネルギーか…
うん 原油だけでなく もっと 太陽の エネルギーを 利用すると いいんじゃ ないかなぁ
そうだな
人類は エネルギーの 源を 化学資源に 頼りすぎて いるからな
だよね…
うん うん
原油は 間違いなく いつかは 枯渇する 資源だ
その原油に 頼りすぎているのは いかがなものかな…

原油のほかにも
水やウラン資源が
あると思うけど
ウラン資源も
化学資源だよね
うん
水は
自然エネルギーと
言えるだろうな
最近は
風を利用して
風力発電なんかも
やっている
らしいぞ
加納　哲太郎／
修平の祖父　６７歳
練馬区地区区民館で
アルバイト中
ときどき
テレビ
なんかで
観るけど…
風の強い
山の上などに
白い風車が
たくさん
建っている
わよね…
加納　絵美子／
修平の母　４０歳
趣味はウォーキング

11
（1）太陽エネルギー

そうそう
あれだよ
あれ
だけど
それほど
大きな効果は
上げていない
ようだよ
それに
風の強い地域で
広い土地スペースが
ないと無理だから
どこでも
風車が設置できると
いうものでもないしね
やはり
これからのエネルギーは
修平が言うように
太陽エネルギーの
利用だろうな
だよね！

ところで　修平にはまだ話していなかったがそのうち　わが家を新築することになった
え！この家建て替えるの？
ああ
わしが建ててからすでに30年近くたってるからな
ぼろぼろじゃろう
木造住宅としてはそろそろ建て替えの時期だ
わしと同じでこの家も人生の役目を果たし終えたって感じだォ…
それで新築の際に　屋根に太陽光発電システムを設置することにしたんだ
へー
いーじゃんか！

13
（1）太陽エネルギー

修平にはまだ内緒だったんだけど　まさか　修平の口から太陽エネルギーの話が出るとは思わなかったわ
やっぱり親子ねぇ　うふふ…
金かかんじゃねーの？
大丈夫だ
少々の負担は覚悟の上だが太陽光発電システムの設置に対しては国か区から補助金がでるんだ
だから心配しなくていいぞ
もちろん親父の会社で建ててるんだろ？
まあな！
てことは親父のポイントにもなるわけだ
わははは　そーいうことだ！

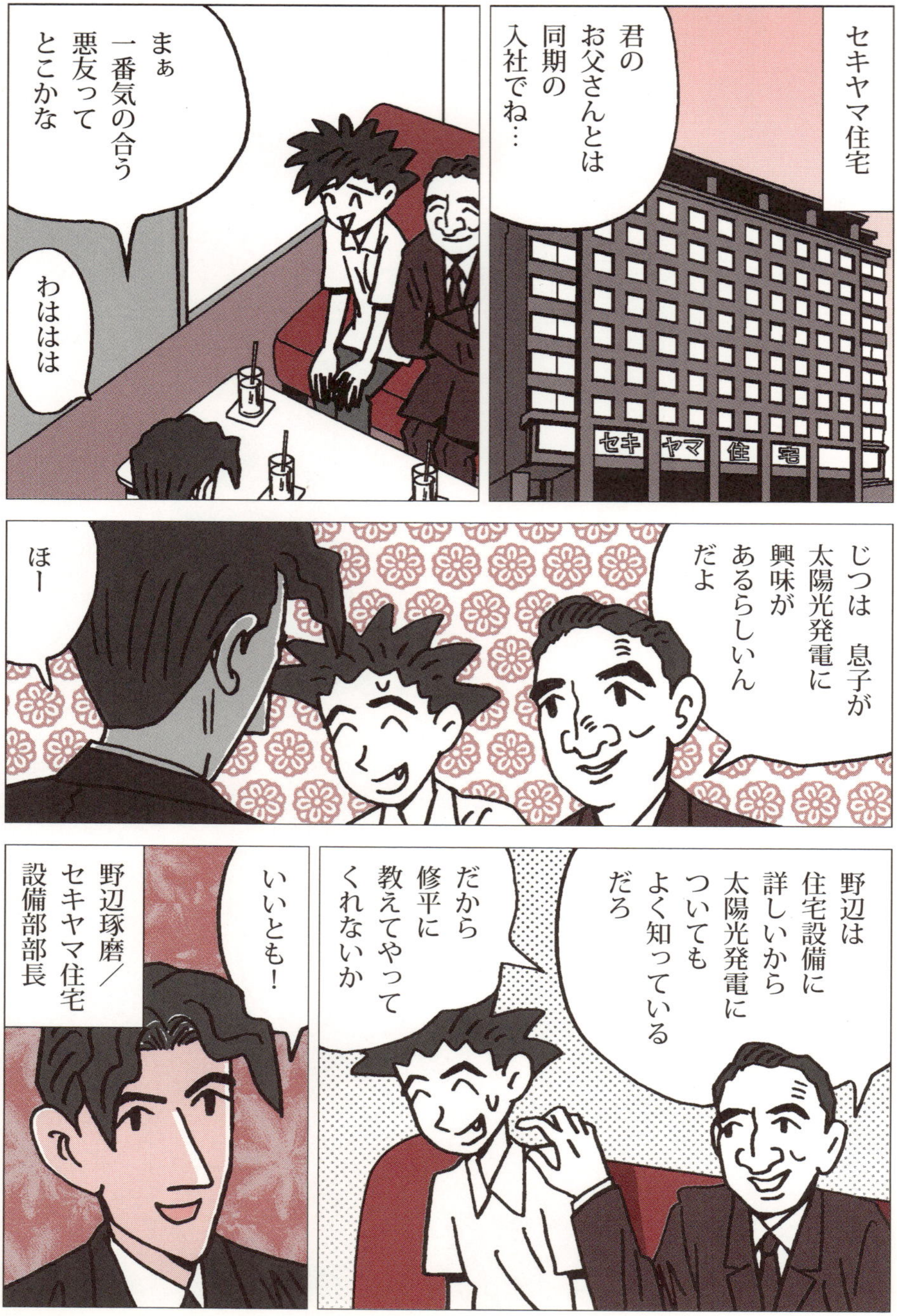
セキヤマ住宅
君のお父さんとは同期の入社でね…
セキヤマ住宅
まぁ一番気の合う悪友ってとこかな
わははは
じつは　息子が太陽光発電に興味があるらしいんだよ
ほー
野辺は住宅設備に詳しいから太陽光発電についてもよく知っているだろ
だから修平に教えてやってくれないか
いいとも!
野辺琢磨/セキヤマ住宅設備部部長

15
（1）太陽エネルギー

ペコリ
よろしくお願いします！
まず　私たちが利用しているエネルギー資源というのは…
地中から掘り出す空から降ってくる海中や海底に存在する…そのいずれかだよね
だと思います…
野辺　水素もエネルギー利用されてるだろ
あれはどうなんだ？
水素は　エネルギー資源じゃないよ

どうしてなんだ？
天然ガスと同じように気体の利用じゃないのか？
天然ガスは地中に埋蔵されているけど水素ガスそのものは自然界にそのまま存在するものではないだろ
なるほどそういうことか…
ふ～ん自然界にそのまま存在するものじゃないとエネルギー資源とは呼ばないのか…
……
たとえば雷の電気エネルギーを利用したとするだろ
雷は自然界に存在するからエネルギー資源ということになる

17
（1）太陽エネルギー

じゃあ…
電気エネルギーはどうなんですか？
修平君は　電気がどのようにしてつくられるか知っているかい？
ははい…
火力発電や水力発電原子力発電所などでつくっています…
火力発電は原油を使って発電させているし水力発電は水で原子力発電はウランなどで発電させているよね
つまり電気は自然界のエネルギー資源を使ってつくりだしているんだよ

ようするに電気そのものが自然界にあるわけじゃないよね

ということは電気エネルギーは資源ではないんですね？
そういうことになるね

なるほど！

ちなみに、エネルギー資源を分類すると、まず、化学資源は、石炭、石油、天然ガスということになります。

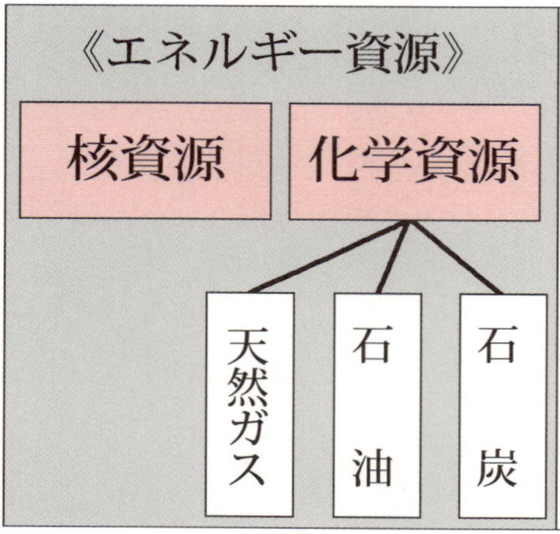
《エネルギー資源》
核資源
化学資源
石炭
石油
天然ガス

ウランは？
核資源ということになる…

ウランのほかにも、核資源には、核分裂を起こせるトリウムがあります。さらに、核融合まで範疇に入れるのなら、トリチウムなどもエネルギー資源といえるでしょう。

19
（1）太陽エネルギー

自然のエネルギーはどうですか？
自然エネルギーは地熱と潮汐と太陽エネルギーに分類できるよ
自然エネルギー
地熱
潮汐
太陽エネルギー
太陽エネルギー！
たしか太陽は水素がヘリウムに変換する核融合反応の巨大な場と考えられるんだったな…
うん
太陽は　光など量子力学的に高エネルギーの電磁波として自分自身がエネルギーを発生しているんだよ

修平君
わかるかな？
はい…
太陽では頻繁に核融合が行われていてエネルギーを発生しているんですね…？
そうだよ！
あのぉ野辺さん
太陽が自分自身でエネルギーを発生していることはわかるのですが地球はどうなんですか？
やはり太陽と同じようにエネルギーを発生しているんですか？

いや
それはないよ
地球の内部は高温状態にあるが表面は冷えているからね
地球
表面が低温です。
太陽
表面が高温で
活発な核融合反応が
起きています。
つまり
太陽のように表面で活発に核融合反応が起きているような星でないとエネルギーは発生しないわけだな

月は　内部まで完全に冷えきっているからエネルギーを発生することは不可能だが地球は　地球内部が高温状態ということで地熱を利用することはできるよ
月
内部が低温
（表面が低温）
地球
内部が高温
（表面が低温）
地熱が利用できます！
なるほど地熱か…
ふ〜ん

じゃあ地熱を発生する地球内部ってどのくらいのエネルギーがあるんですか？
修平君いい質問だね！
そ そうですか…
おそらく 現在私たち人類が地球上で使っているエネルギー量と比較すると限りなく無限大の熱量だと思うよ
それならそのエネルギーを使えばエネルギー問題は解決できるんじゃないですか？
そうだね
太陽エネルギー同様地熱の利用は 将来に大きな可能性があるよね…

しかし　当面は太陽エネルギーの利用だろうな…
そういうこと…

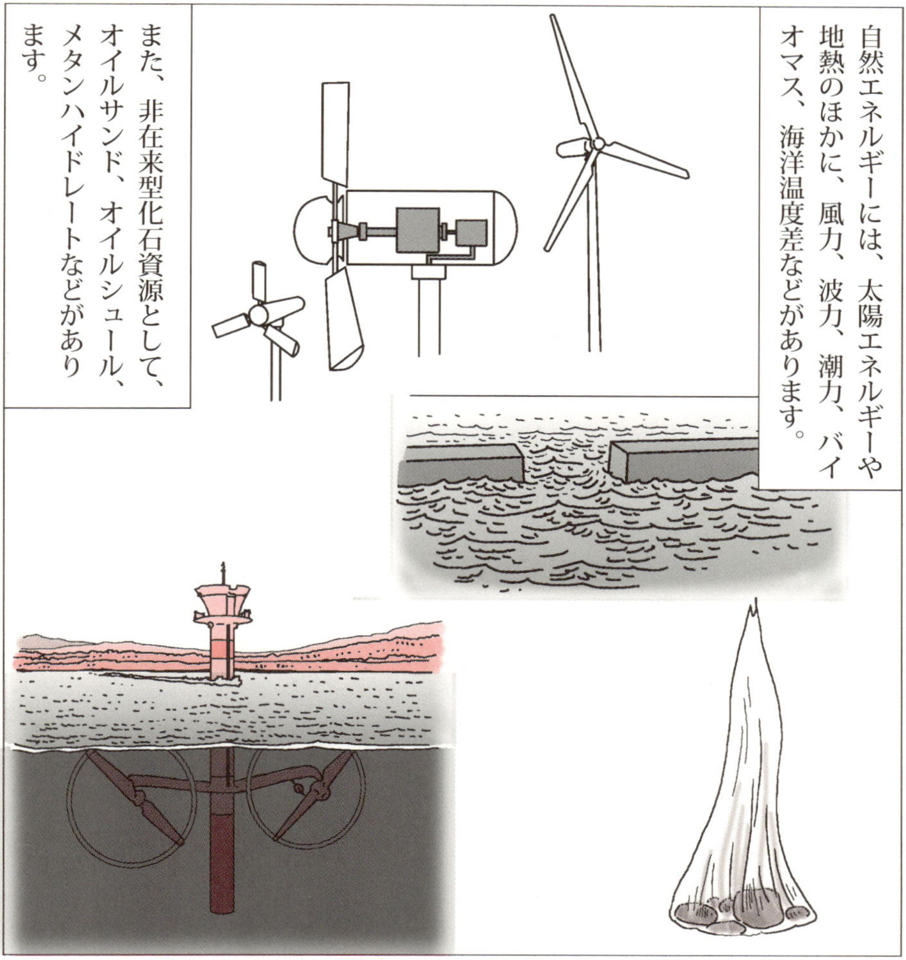
自然エネルギーには、太陽エネルギーや地熱のほかに、風力、波力、潮力、バイオマス、海洋温度差などがあります。
また、非在来型化石資源として、オイルサンド、オイルシュール、メタンハイドレートなどがあります。

ところで地熱以外の自然エネルギーはほとんどが太陽エネルギーに起因しているんじゃないのか？
さすがは加納だな！
よく気が付いた！
風にしても雨にしても波にしても太陽の影響なしには発生しないもんな
それに　最近はトウモロコシからバイオエタノールを採取する方法が報道されているけど…
トウモロコシなどの植物も太陽の影響を受けて育つわけだろ

25
（1）太陽エネルギー

それだけ我々人類は太陽の恩恵を受けて生きているということだな
あの～
先ほど　太陽では頻繁に核融合反応が起きていると言いましたけど発生するエネルギーってどんなものなんですか？
うん　これまたいい質問だね
そ　そうですか…
じつは太陽の核融合によって地球には電磁波が降り注いでいるんだよ
太　陽
電磁波
地球

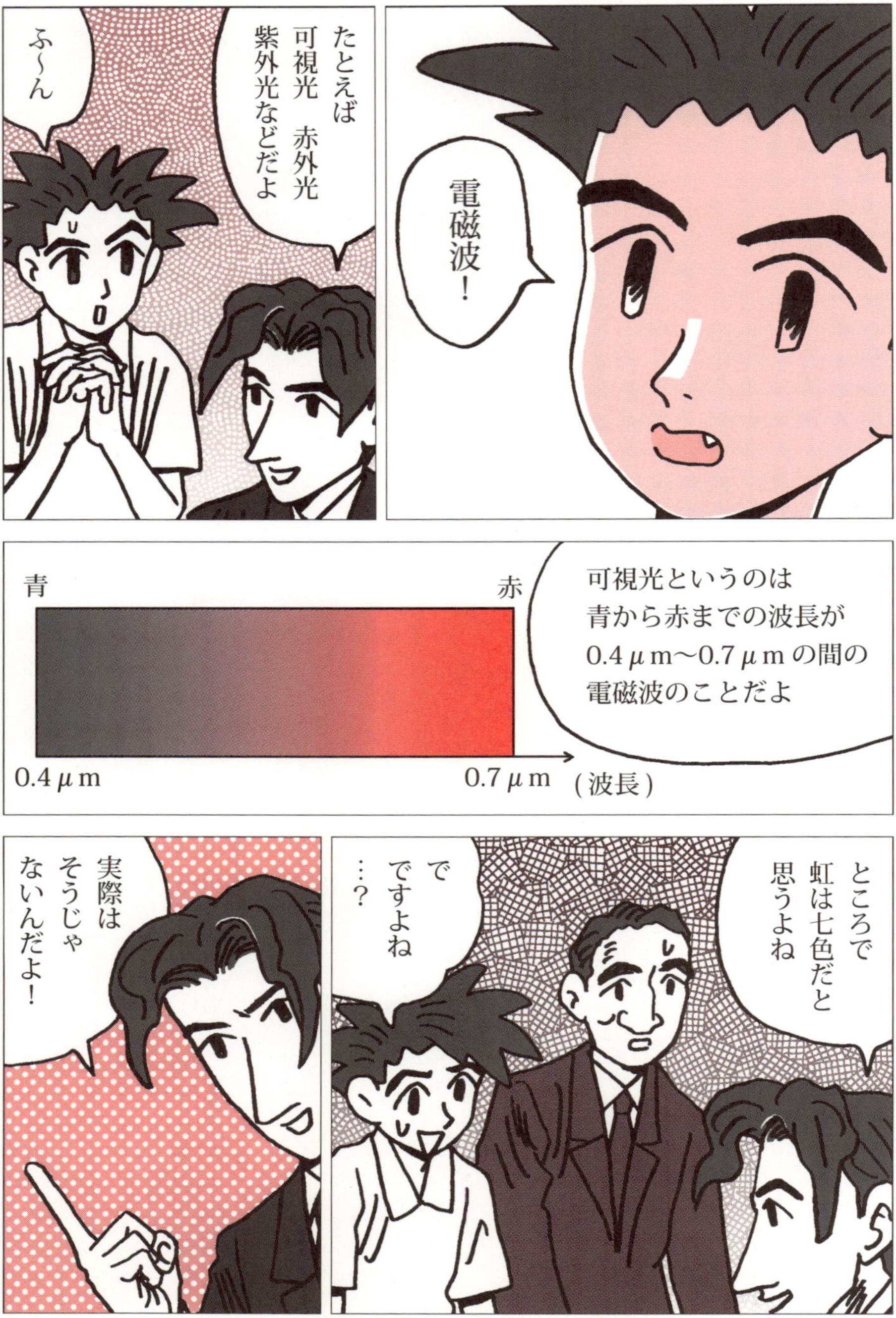
電磁波！
たとえば
可視光　赤外光
紫外光などだよ
ふ～ん
青
赤
0.4μm
0.7μm
(波長)
可視光というのは
青から赤までの波長が
0.4μm～0.7μmの間の
電磁波のことだよ
ところで
虹は七色だと
思うよね
で
ですよね
…？
実際は
そうじゃ
ないんだよ！

可視光というのは目に見えるわけだが虹の可視光の成分である七色は見えるが…
その外側にある色というのは我々の目では認識されない色なんだよ
存在しているが見えない光
存在しているが見えない光
つまり存在しているが見えていないんだ
存在しているが見えていない…
いったいどんな色なんですか？

それが赤外光と紫外光なんだ！
赤外光
紫外光
赤外光と紫外光…
つまり青の外側にあるのが紫外光で赤の外側にあるのが赤外光というわけだね
赤外光
紫外光
太陽光というのは
目に見える波長0.4μm～0.7μmの
電磁波だけでなく　実際は
0.2μm～2.5μmの波長を
主成分とする電磁波なんだよ

29
（1）太陽エネルギー

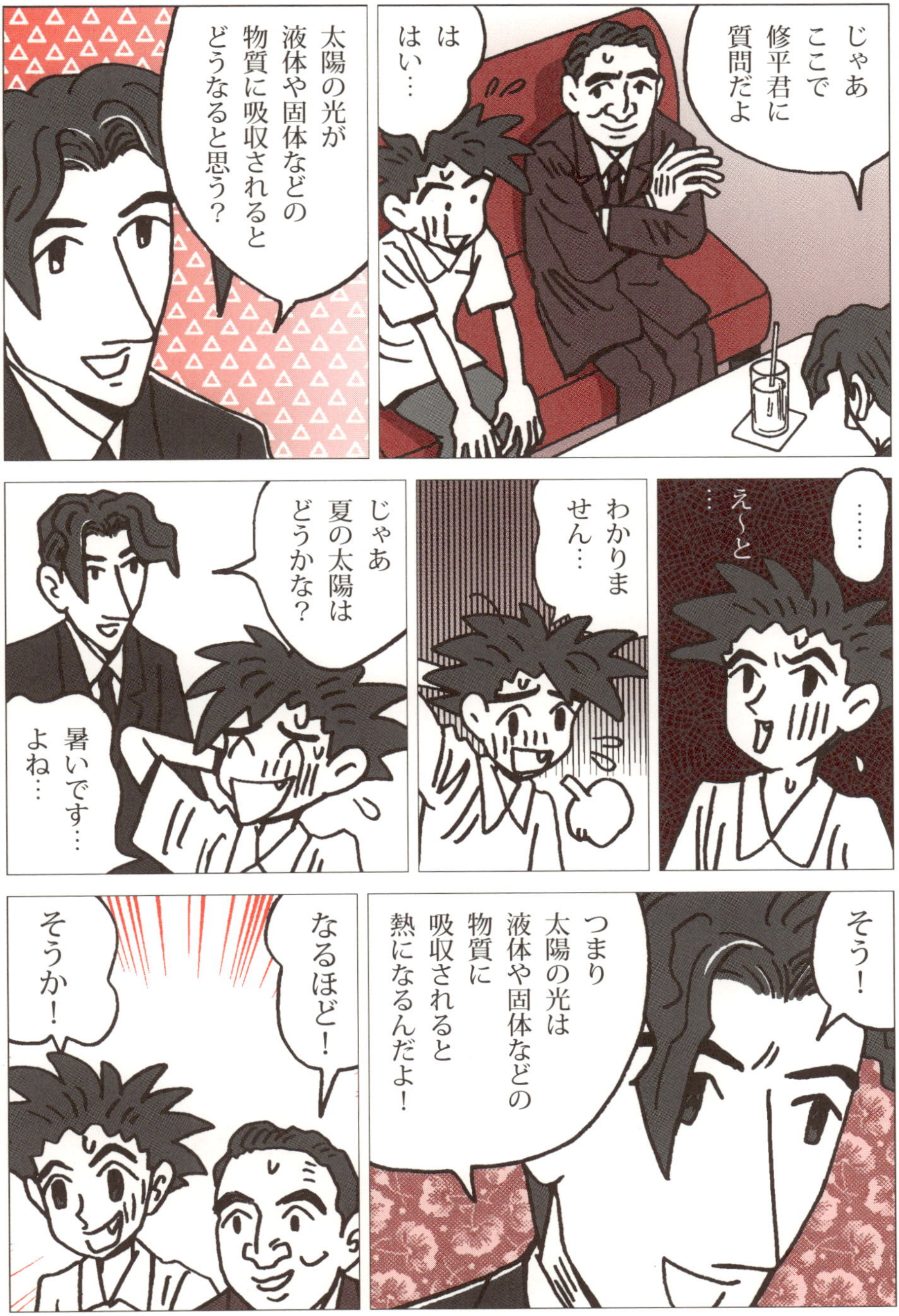
じゃあここで修平君に質問だよ
はは い…
太陽の光が液体や固体などの物質に吸収されるとどうなると思う？
……
え～と…
わかりません…
じゃあ夏の太陽はどうかな？
暑いですよね…
そう！
つまり太陽の光は液体や固体などの物質に吸収されると熱になるんだよ！
なるほど！
そうか！

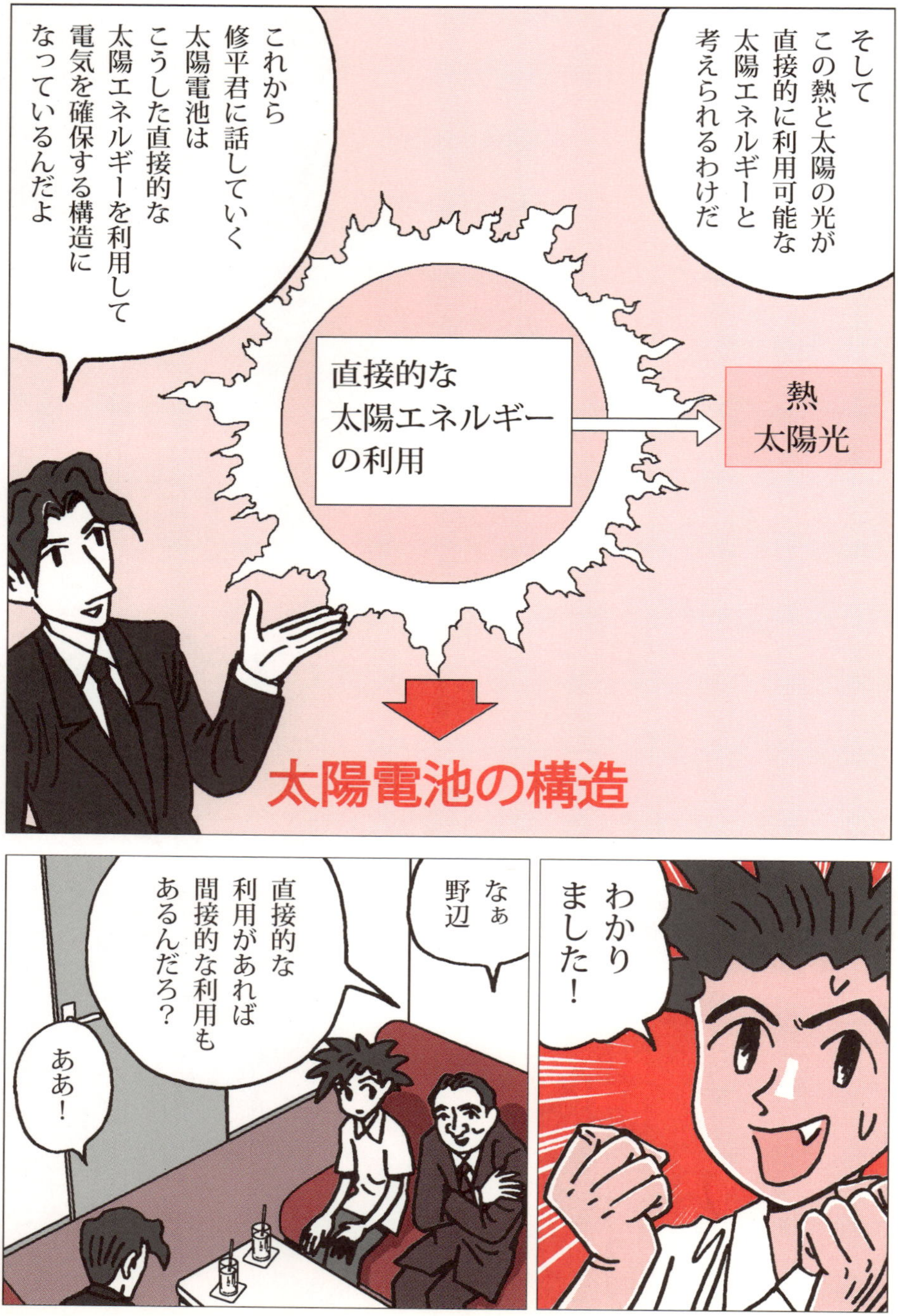
そして　この熱と太陽の光が　直接的に利用可能な　太陽エネルギーと　考えられるわけだ
これから　修平君に話していく　太陽電池は　こうした直接的な　太陽エネルギーを利用して　電気を確保する構造に　なっているんだよ
直接的な太陽エネルギーの利用
熱
太陽光
太陽電池の構造
わかりました！
なぁ　野辺
直接的な　利用があれば　間接的な利用も　あるんだろ？
ああ！

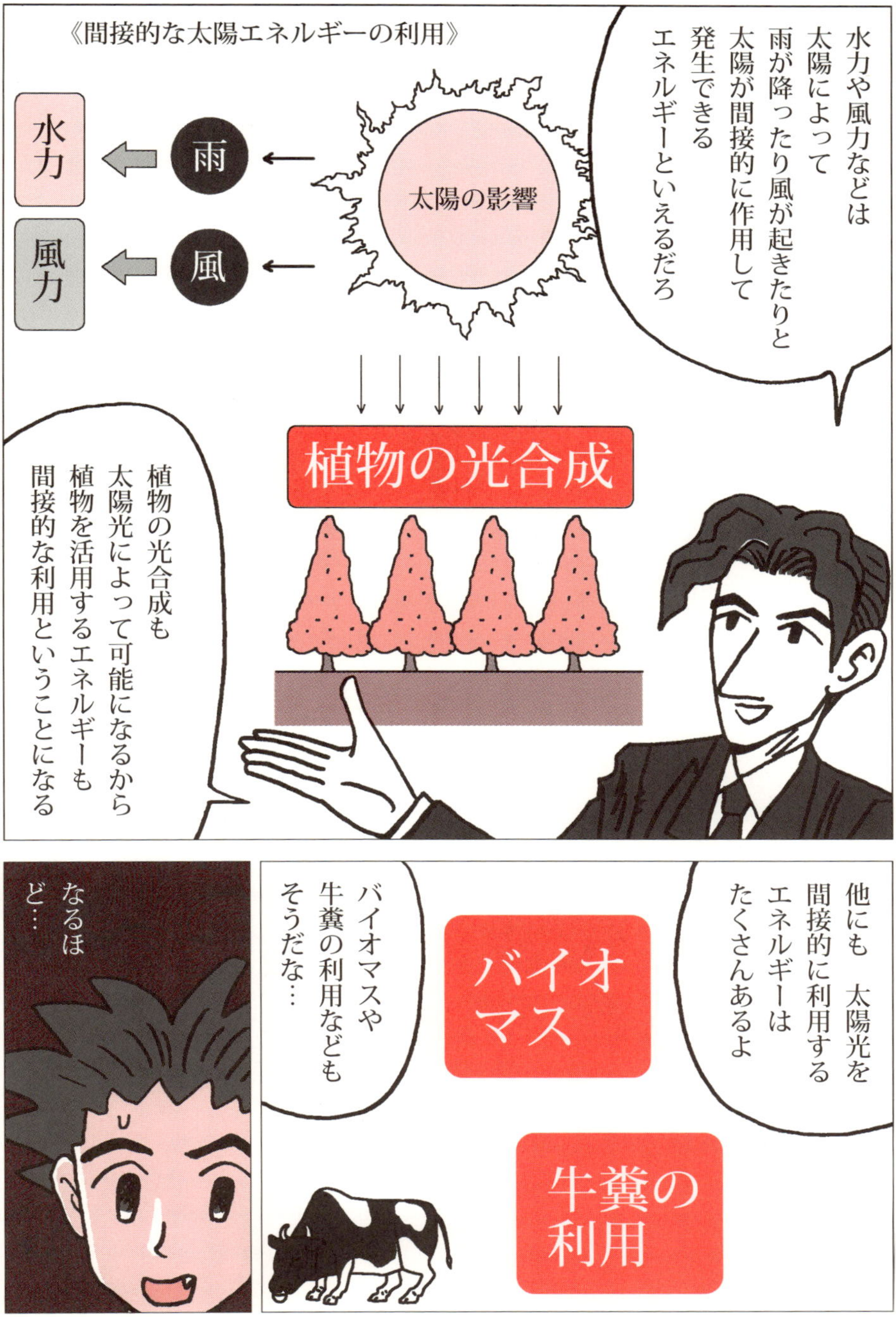
水力や風力などは太陽によって雨が降ったり風が起きたりと太陽が間接的に作用して発生できるエネルギーといえるだろ
《間接的な太陽エネルギーの利用》
太陽の影響
雨
風
水力
風力
植物の光合成
植物の光合成も太陽光によって可能になるから植物を活用するエネルギーも間接的な利用ということになる
他にも 太陽光を間接的に利用するエネルギーはたくさんあるよ
バイオマス
牛糞の利用
バイオマスや牛糞の利用などもそうだな…
なるほど…

加納部長 高橋から 今井さん宅に 向かうとの 連絡が 入りました
そうか 今から私も そちらに向かうと 今井君に 連絡を入れて くれないか
承知いたしました

そういうわけで 出かけてくる
じゃあ野辺 修平を 頼むよ
わかった…

33
（1）太陽エネルギー

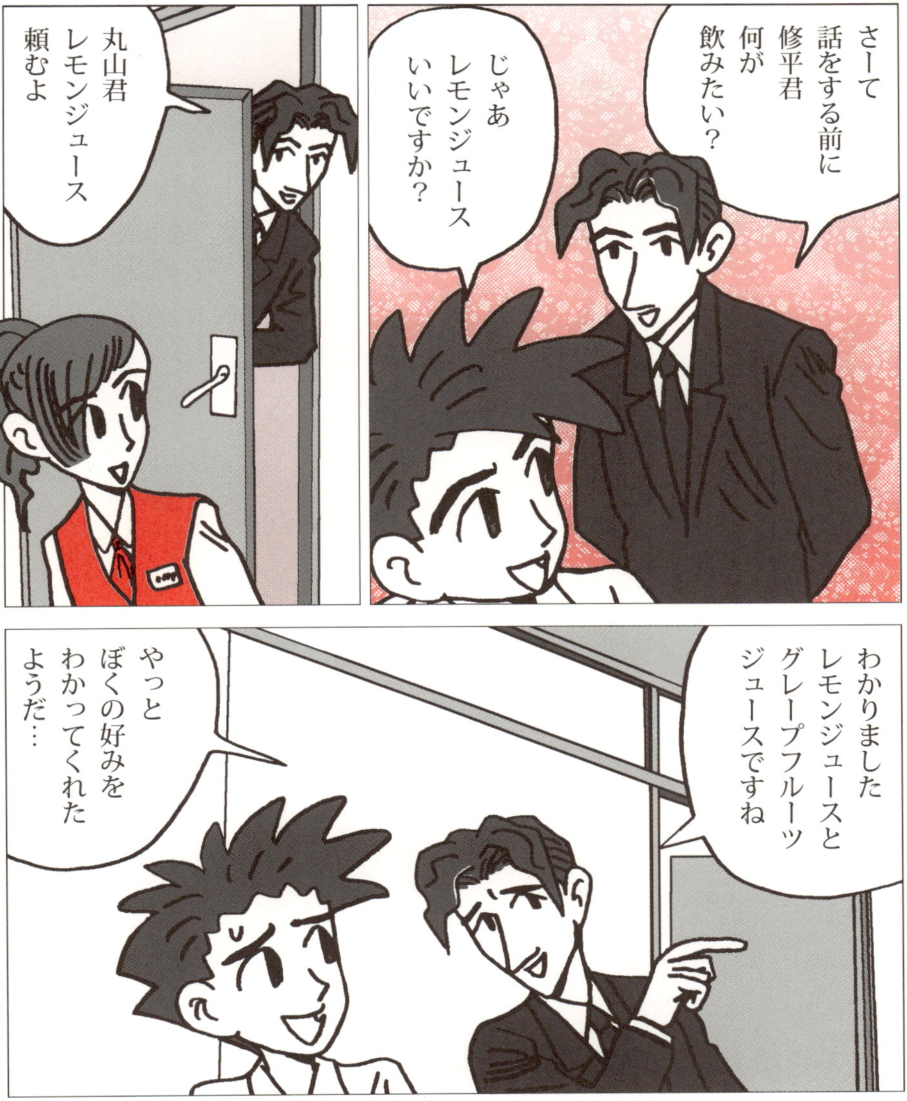

チェックポイント

・太陽光は、目に見える波長0.4 μm～0.7 μmの電磁波だけでなく、実際は、0.2 μm～2.5 μmの波長を主成分とする電磁波です。

・太陽の光は、液体や固体などの物質に吸収されると、熱になります。

・この熱と太陽の光が、直接的に利用可能な太陽エネルギーです。

(2)太陽エネルギーの利用

へー　修平君は　陸上部なんだ
はい
もっぱら　太陽の下を　走り回って　います
ははは　太陽の下か
話が続け　やすいや
ところで　修平君は　地球に到達する　太陽のエネルギーは　どのくらいあると　思う？
さあ～　わかりま　せん…
まぁ　地球上の　どの位置でも　均等に　太陽の　エネルギーを　受けている　わけでは　ないがね
へえ～　そうなの…？

たとえば　緯度や気象条件によっても異なるよね
なるほど…
それで地球に到達する太陽のエネルギーってどのくらいなんですか？

地球上のある地点では夜だったり昼だったりするし雨もあれば晴れの日もある
太陽
昼
晴れ
雨
夜
だから地球に到達する太陽のエネルギーは変化していることになるよね…

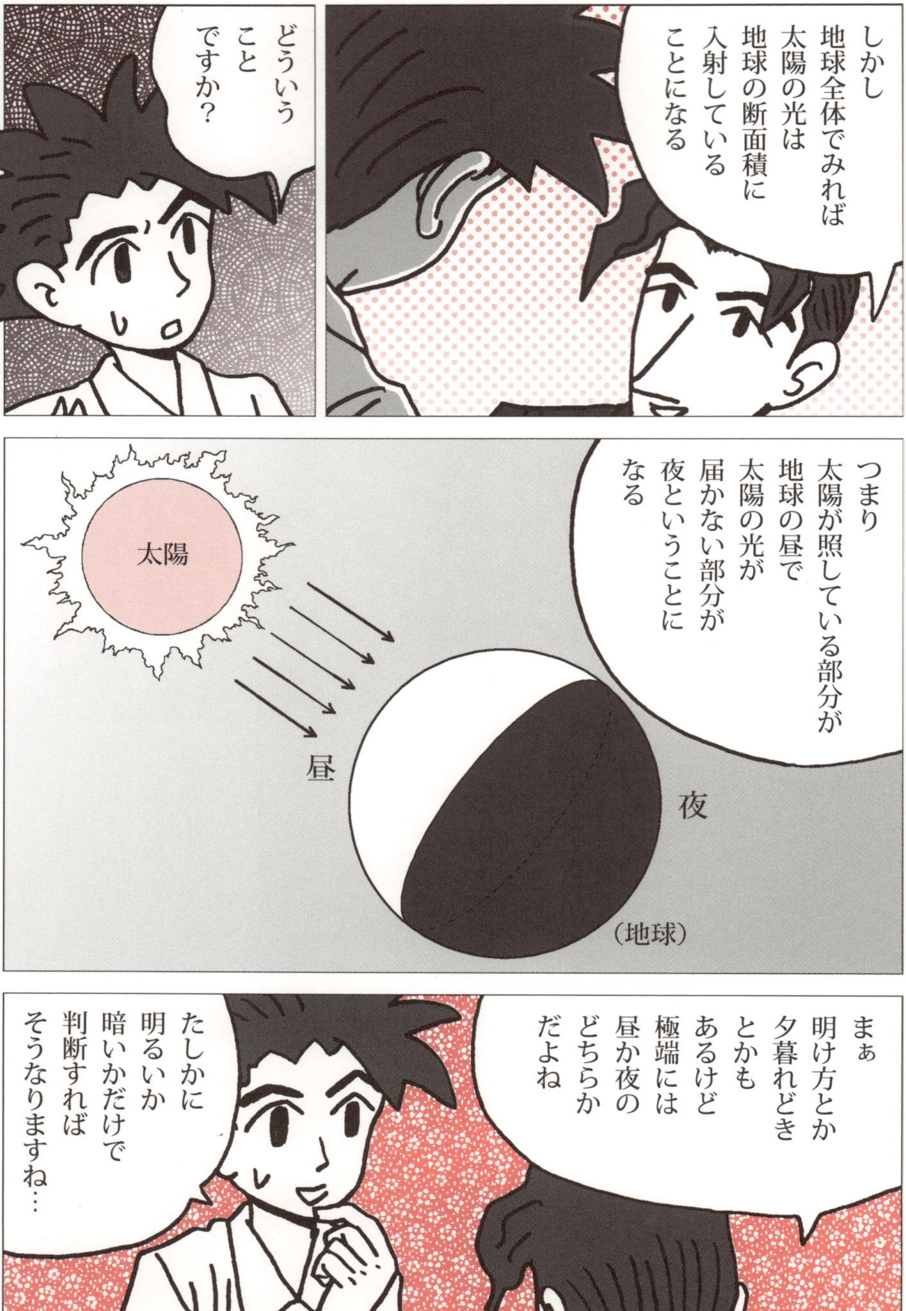
しかし地球全体でみれば太陽の光は地球の断面積に入射していることになる
どういうことですか?
つまり太陽が照している部分が地球の昼で太陽の光が届かない部分が夜ということになる
太陽
昼
夜
(地球)
まぁ明け方とか夕暮れどきとかもあるけど極端には昼か夜のどちらかだよね
たしかに明るいか暗いかだけで判断すればそうなりますね…

37
(2) 太陽エネルギーの利用

ということは太陽の光が地球を照らす入射光の密度は決まっているから…
入射光の密度…
地球と太陽の距離は一定であるとして入射光の密度も決まっていることになるでしょ
太陽光
太陽
地球
そうか！地球は自転しているから地域によって昼と夜があるけど太陽の光は常に地球を照らし続けているんですよね！
そういうことだね！

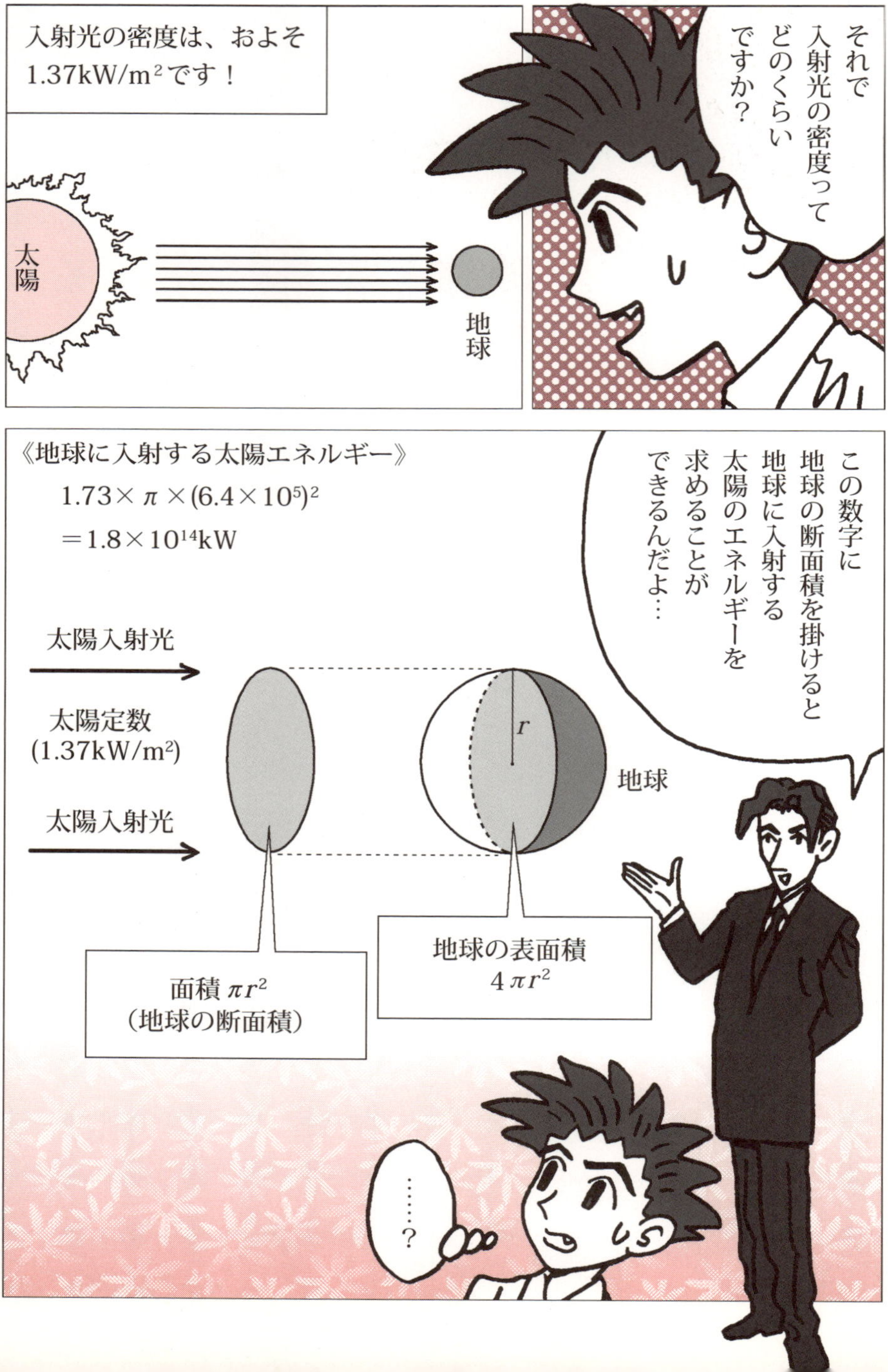
それで入射光の密度ってどのくらいですか？
入射光の密度は、およそ1.37kW/m^2です！
太陽
地球
この数字に地球の断面積を掛けると地球に入射する太陽のエネルギーを求めることができるんだよ…
《地球に入射する太陽エネルギー》
$1.73 \times \pi \times (6.4 \times 10^5)^2$
$= 1.8 \times 10^{14}\text{kW}$
太陽入射光
太陽定数
(1.37kW/m^2)
太陽入射光
r
地球
地球の表面積
$4\pi r^2$
面積 πr^2
（地球の断面積）
……？

6.4という数字はどこから出てきたんですか？
地球は　完全な球体ではなく緯度で測った直径と経度で測った直径とでは若干　数値が違うよね
はい…？
?
?
地球は完全な球体ではありません！
ちなみに修平君は地球の半径を言えるかな？
そ それは…
緯度で測ると　地球の半径はおよそ 6378km経度で測るとおよそ 6357km だよね
た たしかに中学の理科でやりました
赤道付近がやや膨らんでいるんですよね…
6378km
6357km

ははは
そうだよね
つまり
6.4というのは
地球の
おおよその半径と
いうわけだよ
納得です
……
修平君
どうしたの？
野辺さん…
太陽の光って
すべてが地球に
到達するわけじゃ
ないと
思うんですが…
…!

太陽
地球
だって太陽と地球表面の間には宇宙のチリやオゾン層があるじゃないですか…
そうだね
太陽の光は雲やチリなどで反射されたり吸収されたりするよね
反射による光の減少はかなり大きく反射率が30%と言われているよ
反射率 30%

ということは
実際に
地球に到達する
太陽の光は
かなり少なく
なくなるんじゃ
ないですか？
その
通り！
約50%と
されているよ

ええ〜
半分
ですか！
約50%

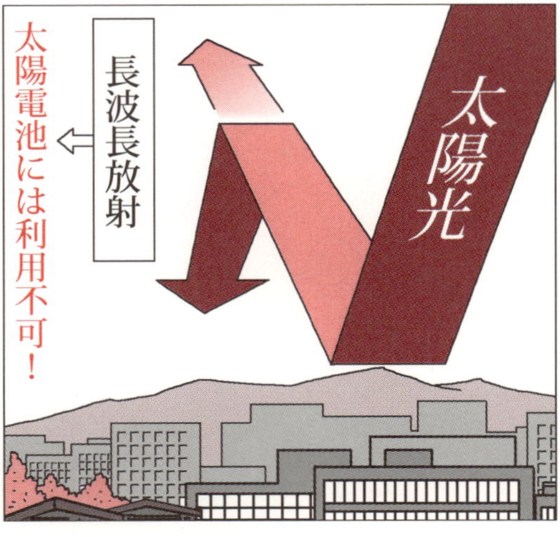
太陽光
長波長放射
太陽電池には利用不可！

こうして吸収された太陽の光が、再放射され、その光の一部が地表に到達して長波長放射と呼ばれています。

じつは、この長波長放射が、地球の温室効果をもたらすと考えられているのです。

しかも、波長が長すぎて、この光のエネルギーは、太陽電池に利用することはできません。

43
（2）太陽エネルギーの利用

ちなみに日本で年間に入射する太陽エネルギーの総量は約１２００kWなんだよ
へ〜でも砂漠とかではもっとあるんでしょ？
うん
アフリカなどの低緯度乾燥地帯では最大２６００kWもあるんだよ
うわ〜日本の倍以上ですね
逆に北欧などの高緯度地域では日本の半分の入射量しかない
そうなんだ…
それじゃあ太陽が地球上に1時間降り注ぐとしてその光のエネルギーはどれくらいだと思う？
さあ〜
かなりのエネルギーなんでしょうね…？

なんと　地球上で人類が消費しているエネルギーの一年分にも相当するんだよ
太陽が地球上に
1時間に降り注ぐ
エネルギー量
人類が1年間に
消費するエネルギー量
すごいや〜
人間はこれから先の未来にこの太陽のエネルギーを効率良く活用していくべきですよね…
う〜んいいこと言うね修平君！
そして太陽エネルギーの利用でもっとも多いのが太陽電池なんですね！
そういうこと！

チェックポイント

- 地球に入射する太陽のエネルギーは 1.8×10^{14}kW です。
- 太陽の光は、すべてが地球に到達するわけではありません。
- 実際に地球に到達する太陽に光は約５０％です。
- 太陽が地球上に１時間降り注ぐと、その光のエネルギーは、地球上で人類が消費するエネルギーの一年分に相当します。

45
（3）太陽電池とは

(3)太陽電池とは
でも　太陽電池が電卓やソーラーカーに利用されているのはわかるんですがそもそも太陽電池ってどんなものなんですか?
簡単に言うと太陽電池というのは光を電力に変える半導体素子のことだよ

半導体素子!
半導体についてはあとで詳しく話すとしてちなみに太陽電池は薄い半導体を何枚も積み重ねた状態に電極などを取り付けたものだということを覚えておいてね
はい…
電極
半導体

板状にした半導体を幾層にも重ね合わせたものを、太陽電池セルと呼んでいます。

つまり　半導体が太陽光を吸収して電子を高エネルギー状態にし電気として取り出すという仕組みなんだよ
ふ～ん…

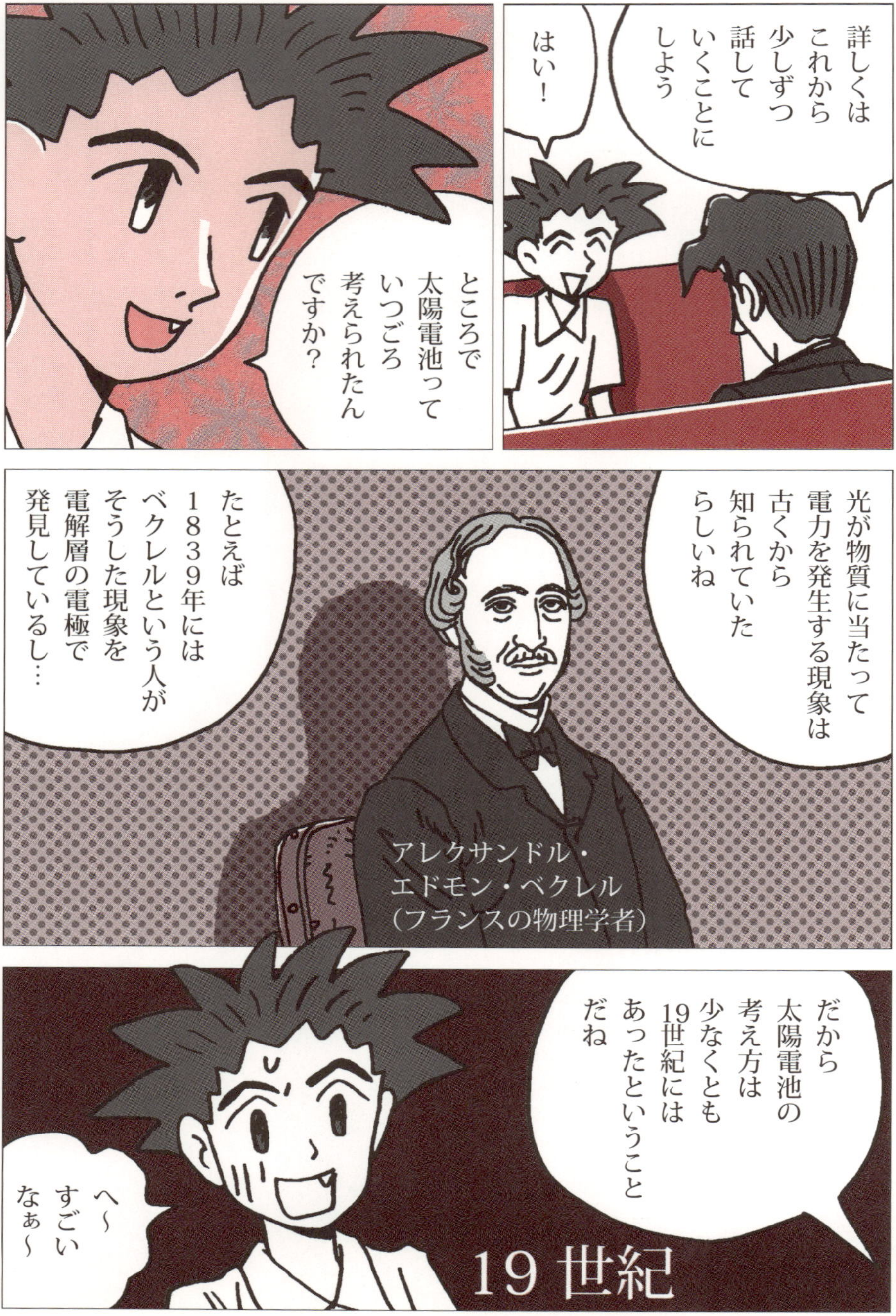
詳しくはこれから少しずつ話していくことにしよう
はい！
ところで太陽電池っていつごろ考えられたんですか？
光が物質に当たって電力を発生する現象は古くから知られていたらしいね
たとえば１８３９年にはベクレルという人がそうした現象を電解層の電極で発見しているし…
アレクサンドル・エドモン・ベクレル（フランスの物理学者）
だから太陽電池の考え方は少なくとも19世紀にはあったということだね
へ～すごいなぁ～
19世紀

47
(3) 太陽電池とは

そして1905年ごろにアインシュタインの光量子仮説によって初めて科学的に説明されたんだよ
アインシュタインですか！
へえ～
そう！
修平君は光には波長があることは知っているかい？
はい！
先ほど　太陽光は
0.2μm～2.5μmの波長を
主成分とする電磁波だと
教えてくれましたよね
ははは そうだったね
つまり太陽の光は波の性質をもつと同時にエネルギーを持った無数の粒子…つまり光子というわけなんだよ

さっきも話したけど…
半導体に光が当たって光子のエネルギーが太陽電池の中の電子に吸収される…
じゃあそのエネルギーを電力に変換して使うわけですね？
そういうこと！
それが太陽電池なんだよ！
なるほど少しわかってきたぞ…
じつは太陽の利用は太陽電池だけではないんだよ
たとえばいったん熱に変換して利用することもあるんだ…
どんな仕組みになっているんですか？

49

（3）太陽電池とは

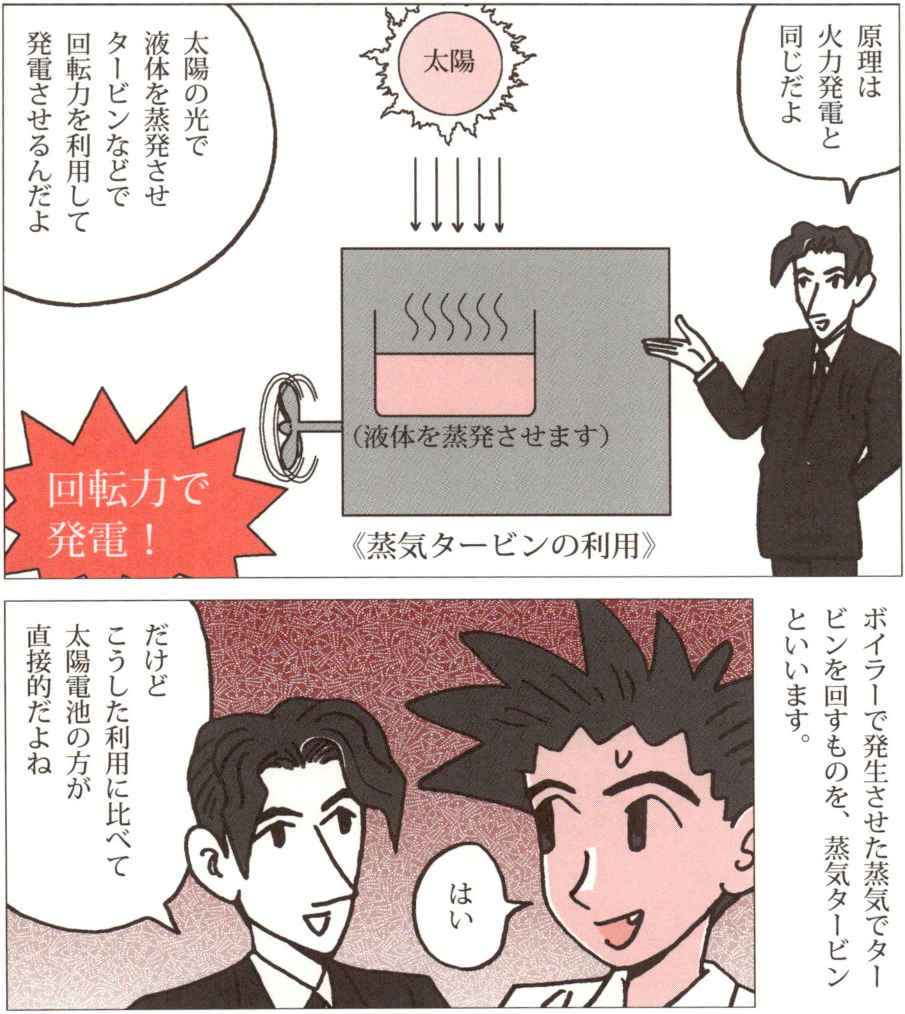
原理は火力発電と同じだよ
太陽
太陽の光で液体を蒸発させタービンなどで回転力を利用して発電させるんだよ
（液体を蒸発させます）
《蒸気タービンの利用》
回転力で発電！
ボイラーで発生させた蒸気でタービンを回すものを、蒸気タービンといいます。
はい
だけどこうした利用に比べて太陽電池の方が直接的だよね
熱エネルギーや運動エネルギーに変換して利用するわけじゃないからね
うんうんなるほど…

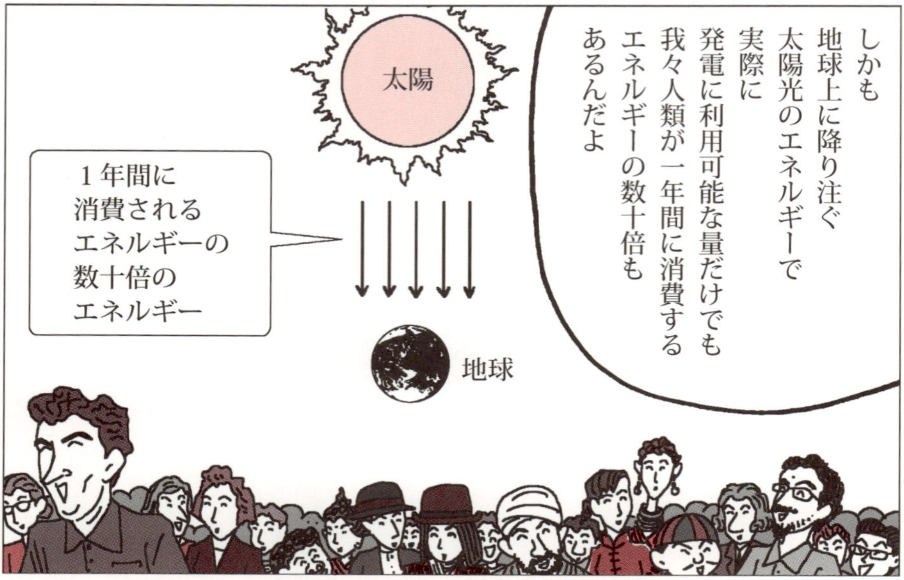
しかも地球上に降り注ぐ太陽光のエネルギーで実際に発電に利用可能な量だけでも我々人類が一年間に消費するエネルギーの数十倍もあるんだよ
太陽
1年間に消費されるエネルギーの数十倍のエネルギー
地球

うわ～っすごいですね！
つまり将来的には太陽光発電だけで全人類のエネルギー消費量はカバーできるってことですよね！

51

(3) 太陽電池とは

そうだね
現在のように石油に頼って環境破壊を続けるより排ガスの少ない太陽光発電の利用こそが地球の未来を考えたらベストだと思うね
同感です！
地球温暖化を防ぐには太陽光発電をどんどん推進していくべきですよね！
太陽光発電の最大の利点は発電量当たりの二酸化炭素の排出量が少なくて済むことだよ
地球に優しいエネルギーということですよね
そういうこと！
しかも石油のような燃料がいらないから発電設備さえ整えばどの地域でも発電が可能になるんだよ
てことは砂漠でも発電できるんですね

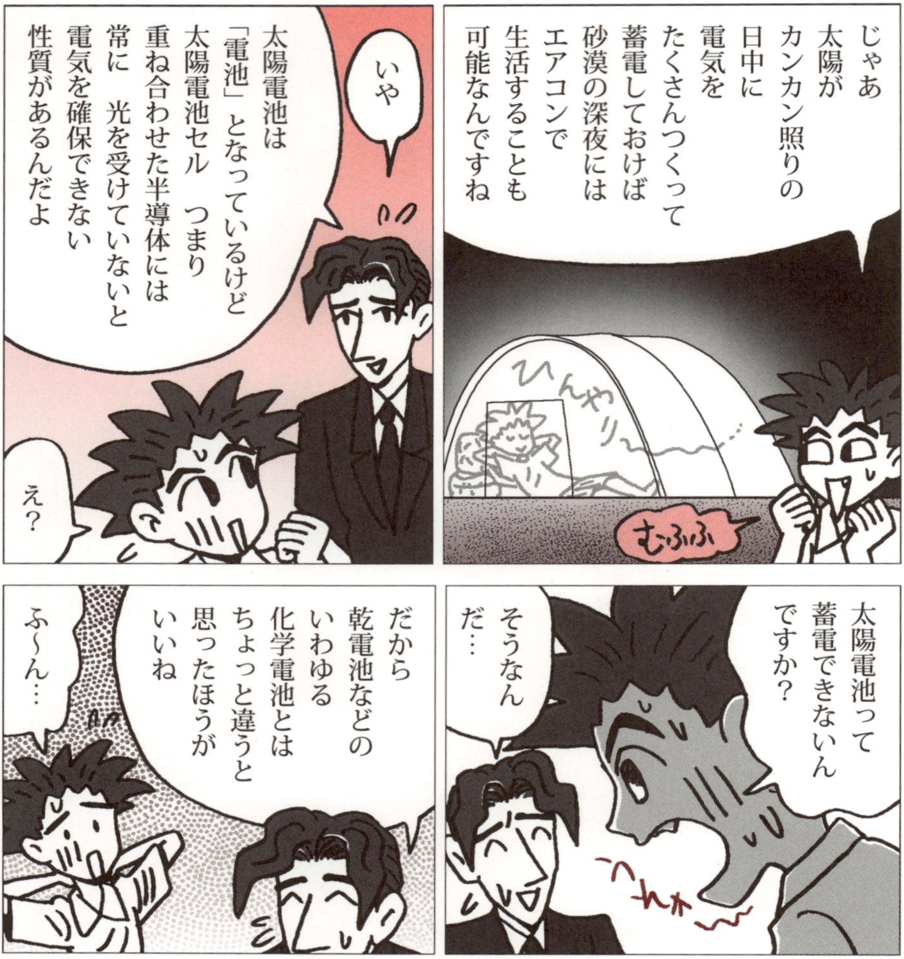
じゃあ太陽がカンカン照りの日中に電気をたくさんつくって蓄電しておけば砂漠の深夜にはエアコンで生活することも可能なんですね
ひんやり～
むふふ
いや
太陽電池は「電池」となっているけど太陽電池セル　つまり重ね合わせた半導体には常に　光を受けていないと電気を確保できない性質があるんだよ
え？
太陽電池って蓄電できないんですか？
そうなんだ…
だから乾電池などのいわゆる化学電池とはちょっと違うと思ったほうがいいね
ふ～ん…

チェックポイント

・太陽電池の概念は、アインシュタインによって、初めて科学的に説明されました。

・太陽の光は、エネルギーを持った無数の粒子（光子）です。

・半導体に光が当たり、光子のエネルギーが太陽電池の中の電子の吸収され、そのエネルギーを電力に変換します。それが太陽電池の基本原理です。

・地球上に降り注ぐ太陽光のエネルギーで発電に利用可能な量は、人類が一年間に消費するエネルギーの数十倍です。

・太陽電池は蓄電できません。

53
（4）太陽電池の寿命

（4）太陽電池の寿命
太陽電池ってどのくらいの期間使えるんですか？
セルで太陽の光を受けるだけだから長い期間使えるよ

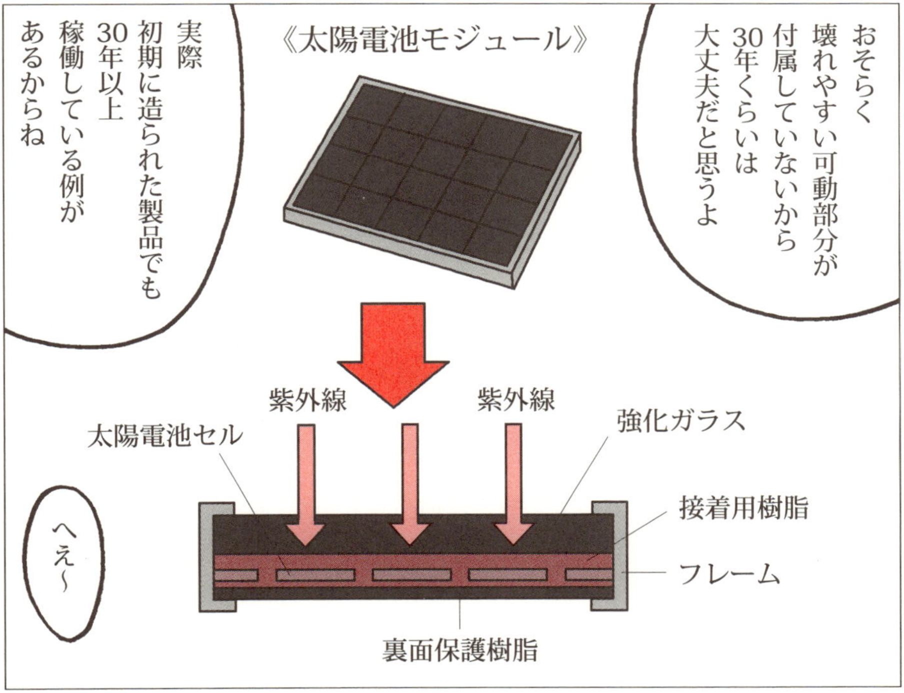
おそらく壊れやすい可動部分が付属していないから30年くらいは大丈夫だと思うよ
実際初期に造られた製品でも30年以上稼働している例があるからね
《太陽電池モジュール》
紫外線
紫外線
太陽電池セル
強化ガラス
接着用樹脂
フレーム
裏面保護樹脂
へえ〜

一般的な結晶シリコン太陽電池モジュールでいえば太陽電池セルそのものは石みたいなんだよ
コンコン
じゃあ硬いんですね？
うん
だから年月が経ってもほとんど劣化しないんだよ
ただしモジュールで考えたらセルや電気回路を雨や風から守るための樹脂やガラスや金属部分などの性質で寿命が決まるということになるね
なるほど…
通常の太陽電池モジュールの寿命はおよそ30年だね
寿命はおよそ30年！
ただしメーカーの性能保証期間は10～20年くらいになっているよ

(4) 太陽電池の寿命

そういや
うちの
おジイちゃんが
木造住宅の寿命も
約30年と
言ってたけど…
寿命は
30年…
太陽電池も
同じような
もんだな…
……
傷んでくると
少しずつ
性能が落ちて
いくことは
ないんですか?
あるよ
ガラス面の変色だとか
電気配線が劣化してくると
どうしても
モジュールの出力が
落ちてくるよね
だけど　一般的な
結晶シリコン太陽電池の
モジュールは
20年使っても
使い始めの頃の
90%くらいの
発電量を
維持できる
からね
周辺機器の
メンテナンスを
上手に行えば
それほど出力が
劣るということは
ないんだよ

それに過去のデータを集めてどんどん改良が加えられているから少しずつ性能が良くなっていくよ
たとえばどんな改良ですか？
雨などの侵入を防いだり樹脂やガラスを変色しにくい材質に換えてみたり気温の変化によって材質が疲労するのを軽減してみたりと様々な工夫がされているんだよ
ザアァ
でも故障することもあるんでしょ？
まったくないとはいわないけど太陽電池はほとんど故障はしないよ
え？どうしてですか？

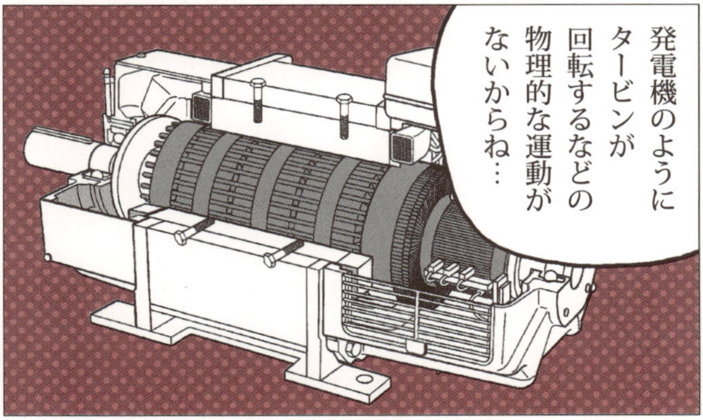
発電機のようにタービンが回転するなどの物理的な運動がないからね…

タービンなどの可動部分があると、摩耗等によって故障することがあります。ところが、太陽電池にはそうした箇所がありませんので、故障が少ないのです。

57
（4）太陽電池の寿命

じゃあ放っておくだけで発電するわけですか？
そうなんだ
だからほとんど故障しないし万が一故障しても故障箇所を交換するだけでいいんだよ
へぇ～
てことは故障するとしたらモジュールよりも周辺機器の場合が多いってことですか？
そうだよ
ただし故障したからといって自分で修理したりうっかり触ってしまうのは危険だよ！
太陽光発電システムは数百ボルトの電圧を扱う機器だからね！

故障したらすぐに専門家に相談すること！
太陽光発電にはそれほど多くの周辺機器を設置するわけじゃありませんよね
そうだね
太陽の光を太陽電池セルで受けてコンディショナを経由して一般家庭等で電力を消費するわけだからね
屋内分電盤
インバータ
(コンディショナ)
だから故障の多くはコンディショナ回りということになるかな
他にはどんな故障がありますか？
表面のガラスを傷付けたり割ってしまうことだね
それと雨水などの水分が侵入して故障することもあるよ
そうした故障箇所は早めに補修したほうがいいしメーカーなどの定期点検を受けておくといいよ

電力系統のトラブルとしては電圧が高くかかりすぎたために安全装置が働き発電した電力が系統側に送られないことがあるんだよ
それじゃあせっかく発電しても電気が使えないじゃないですか～
困りますよね…

いずれの故障も専門家に相談することだね
そうですね…
セキヤマ住宅

チェックポイント

- 一般的な太陽電池モジュールの寿命はおよそ３０年です。
- ２０年使っても、発電量は９０％を確保できます。
- 太陽光発電は故障しにくいです。
- 故障の多くはコンディショナ回りの故障です。

(5) 自然環境下での太陽電池

屋根の上に設置しておくと汚れてきますよね
そのために性能が落ちるんじゃないですか？
いや！
汚れたからといってそれほど性能が低下することはないんだよ
掃除も必要ないし！
へぇ～
モジュールの上の埃などは雨や風などで奇麗になるように設計されているからね
まぁ新品同様の状態は維持できなくても性能が極端に低下するということはないよ
ただしモジュールを真っ平らの状態で設置すると　雨や風で埃を流すことが難しいので通常は地面に対して10度以上傾斜させて設置するんだよ

▶61◀
(5) 自然環境下での太陽電池

１０°以上の傾斜が必要です
それで傾斜のある屋根の上に設置してあるのか…
なるほど…
でも鳥の糞などが付くこともあるでしょ
鳥の糞てなかなか取れませんよね？
そうだね
そんな場合はやはり掃除をすることになるね

安全な場所から放水して洗い流すか業者に相談するといいよ
素人が屋根に上がって掃除するのは危険だからね
たとえば落ち葉がモジュールにくっついてそのままの状態になっていると…
落ち葉に隠れた部分が陰になってその部分の太陽電池が加熱して性能が低下することがあるんだよ
そうか光が届かないと発電できないんですよね？
うん
そのために周囲の発電している部分から落ち葉に隠れて発電していない部分に電流が集中することになるよ…
これをホットスポット現象というんだ！
ホットスポット現象！

63
（5）自然環境下での太陽電池

でも屋根の上のモジュールは台風が来ても大丈夫なんですか？
日本は台風の上陸が多いし心配だなぁ…
一応大型の台風がやって来ても大丈夫なように設計されているよ
猛烈な台風の風速基準が５４ｍ／秒以上だから市販されているモジュールの JIS 規格では地上１５ｍにおいて毎秒６０ｍ程度の風圧にも耐えられるようになっているんだよ

じゃあ大丈夫ですね…
ほっ
ただし沖縄などのように毎年強い台風がやって来る地域ではさらに強い風圧に耐えられるように作ってあるんだよ
雹《ひょう》が降ることもありますよね…
ひびが入ったり割れることってないんですか？
モジュールの表面は強化ガラスで保護されているから通常の雹が降ったくらいでは大丈夫だよ
強化ガラス製
雹
で？
モジュールの厚さはどのくらいあるんですか？
3 mm
3 mmの強化ガラスで保護されているんだよ

さらに　電気回路はガラスや樹脂で外部と絶縁されているから雷が落ちやすいということもないんだよ
安心安心……
でも　近くに雷が落ちたらどうなるんですか？
新聞やテレビで雷を避けようとして大きな木の下にいたらその木に落雷して事故に遭ったというニュースを聞きますよね？
そうだね
近くに落雷したときの誘導電流は懸念されるよね
ですよね…
ところがそうした対策として太陽光発電システムにはアレスタやサージアブソーバ耐雷トランスなどの雷害対策用の部品が組み込まれているんだよ

ふ〜ん…

雷の多い地域では、雷の直撃を避けるために、避雷針を設置することもあります。

真夏の気温は40度くらいになったりしますよね
モジュールは太陽の熱を直接受け続けるわけだから真夏の炎天下ではかなりの高温になるんじゃないですか？
そうだね
真夏だとモジュールの温度が80度くらいまで上がるよ…
うわ〜
それって暑すぎませんか〜
80℃
たしかに80度と聞くと暑いと思うだろうけど…
その程度の温度では大丈夫なように設計してあるんだ！

（5）自然環境下での太陽電池

ギラギラギラ…
たとえ砂漠の中にあってもこの温度でモジュールが故障することはないね
じゃあなんの問題もないんですか？
まぁ高温すぎると少しだけ発電量が少なくなるかな…
それなら逆に寒くて雪の多い地方ではどうですか？
たぶん雪が積もると発電できないと思うんですが…

そうした地方では雪が滑り落ちるように急角度で設置するんだよ
急角度の傾斜
あ！な～るほど！

ほんのわずかに積もった雪なら、光が透過し、モジュールを暖めます。その熱で雪は溶けてしまいます。

太陽の光に向けて設置するのがベストですよね？
そうだね　太陽電池モジュールは真南を向いて設置することが望ましいね
太陽電池モジュール
南向き
だけど真南からずれて設置しても発電するんだよ
住宅の立地条件等から必ずしもすべての住宅で真南を向いて設置できるとは限らないからね
野辺さん　屋根に乗せた場合のモジュールの重さはどうなんですか？
重すぎるということはないですか？
一般的な屋根瓦の2～3割程度の重さだからさほど　住宅に負担をかけることはないよ
一般的な屋根瓦の２～３割程度の重さ
それに　最近は屋根葺き材にコロニアルといって屋根瓦よりかなり軽量のものを使うようになっているから問題が発生することはないね

(5) 自然環境下での太陽電池

修平君の家も新築するようだけど屋根はおそらくコロニアルだと思うよ
コロニアル
野辺さんのところで建てるとコロニアルが多いんですか?
うん最近はほとんどがそうだね
たまに瓦屋根の依頼があるけど建物にかかる荷重やコストの面からいってコロニアルが圧倒的に多いね
うちでは太陽発電システムを屋根や壁の一部として建材に組み込んだ形で施工するからね
建物にかかる荷重はさらに軽減できるしデザインも優れているからぜひお勧めだよ…
野辺さんてやっぱり住宅会社の社員ですよね
営業を忘れていませんね
あははは
まーね
だけど ぼくは設備部勤務だから営業部じゃないよ
営業なら修平君のお父さんだろ
あ!そうでした…

ところで設置するには屋根の形も関係してくるんでしょ？
そうだね
一般的な切妻屋根が設置しやすいね
切妻屋根？

普通の屋根だよ
こんな形の…

モジュールの形は一般的に長方形なので、屋根に四角くて広い面があると設置しやすいです。そのため、切妻屋根が適しています。

コンコン…
野辺部長！会議のお時間ですが！
カチャリ
あ！そうだった！

▸71◂
（5）自然環境下での太陽電池

悪いね修平君 これから 設備部の会議 なんだよ～
わかり ました
今日は これで 帰ります
また いつでも 訪ねて きてね
まだまだ 太陽電池の 入口に立った だけで 本題はこれから なんだからね
はい！

よろしく お願い します！

P チェックポイント

・モジュールは汚れてもさほど性能は落ちません。
・モジュールは3mmの強化ガラスで保護されているいます。
・落雷対策も施してあります。
・真夏の炎天下でも台風がきてもモジュールは大丈夫です。
・太陽電池モジュールは真南を向いて設置することが望ましいです。
・屋根瓦の2～3割程度の重さなので、さほど住宅に負担をかけることはありません。
・一般的な切妻屋根が設置しやすいです。

（6）太陽電池の蓄電と再利用

太陽光発電…？
原油に頼っているエネルギー政策は考え直すべきだろ
……
だいいち原油っていつかは掘り尽くしちゃうわけだし…
それに高すぎんじゃん…
ふ〜ん…
どした？

73
（6）太陽電池の蓄電と再利用

修平って　案外 世の中のこと 真剣に考えてんだ なぁと 思って…
当たり前じゃん
おれたちの未来は まだまだ何十年も 続くんだぜ
生きてる間に ガソリンがなくなったり 物価が高騰して 飯食えなくなったら 大変じゃんか
太陽電池って どんな仕組みに なっているのか なぁ…？
え？
太陽電池の…
仕組み…？

な～んだ まだ 教えて もらって ないの？
えへへ…
一度しか 聞いてないし… しかも ほんの入口部分 だけだし…
たしかに 太陽のエネルギーなら ほとんど無限だし どんどん 利用すべきよね
う～～ん
雪絵も そう思う だろ！
な！
環境にも 優しいし！

地球温暖化や
エネルギー問題を
考えたら
絶対に
これからは
太陽光発電
だって！
うん
そうよね…
ほらぁ！
しっかり
柔軟
やれよ
加納ぉ！
あ
は〜い…

…野辺さん陸上部マネージャの奈良橋さんです
野辺さんに太陽電池について教わっていると話したらこいつ　勝手について来ちゃったんです…
奈良橋雪絵です！わたしにも教えてください！
いいですよ
人数が多いほうが楽しいですからね
ありがとうございます！
ところで雪絵さんは太陽電池についてどの程度知っていますか？
いたァ
修平が野辺さんに教わったことは修平から聞きましたので…

あ そう！
なら話しが進めやすいね…
修平が正確に教えてくれていたらいいのですけど…
おい雪絵ぇ どういう意味だよぉ～
だって修平ってあんまし頭良くないし間違って覚えてたかもしれないでしょ
あはは近ごろの女の子はたしかに強いや～

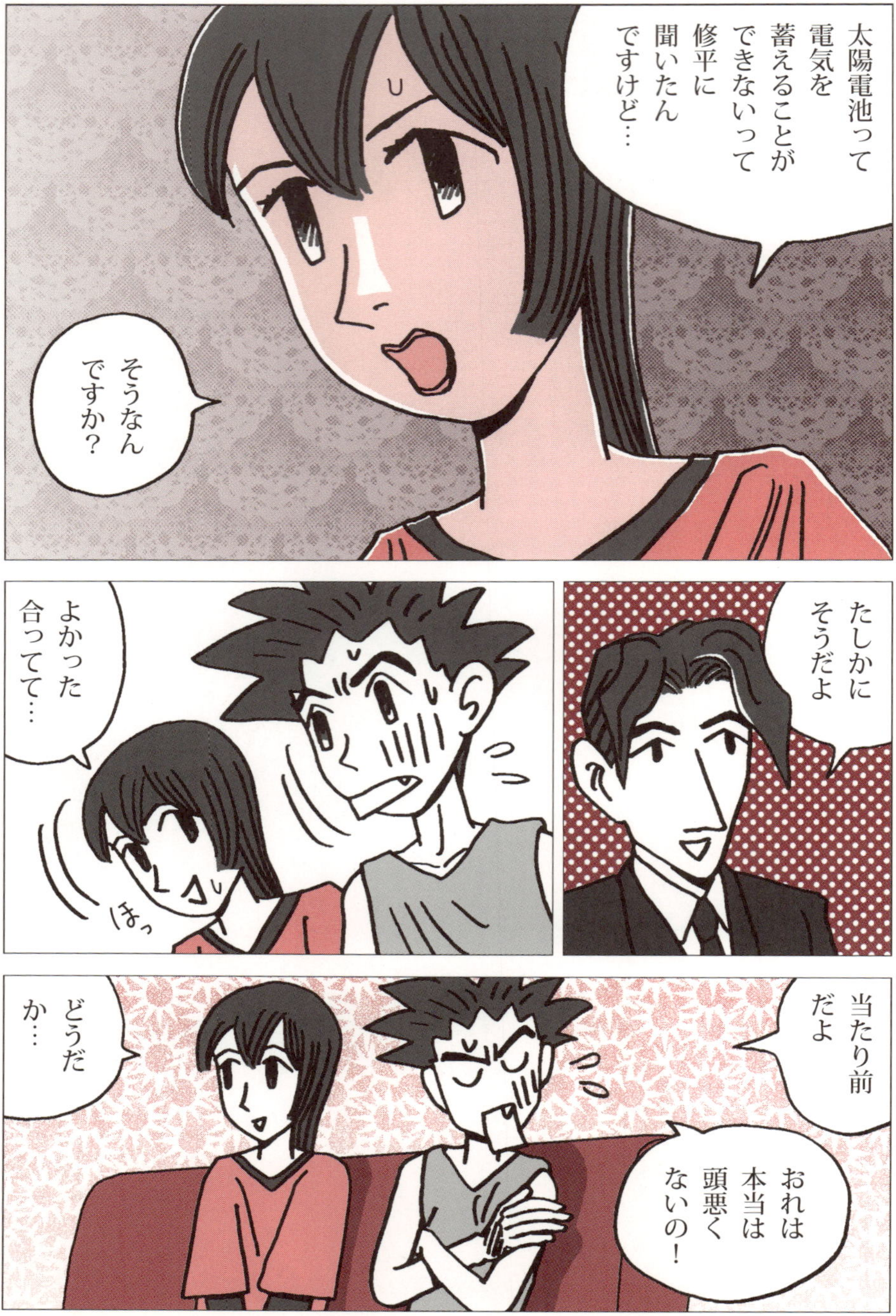
太陽電池って電気を蓄えることができないって修平に聞いたんですけど…
そうなんですか？
たしかにそうだよ
よかった合ってて…
ほっ
当たり前だよ
おれは本当は頭悪くないの！
どうだか…

79
（6）太陽電池の蓄電と再利用

たしかに太陽電池には蓄電機能がないんだよ…
しかも天気が悪いと太陽の光が弱いから発電量が減るし夜は　太陽が出ていないから発電できない…
ちょっと不便ですね…
だけど　系統連系の太陽光発電システムを導入している町ではつくった電力はシステムを設置してある住宅だけでなく設置していない隣の家でも余った電力を利用できるんだよ
太陽光発電システムを導入している町…？

ひとつの町にたくさんの太陽光発電システムが導入されているとその町の電気消費量のかなりの部分をカバーできるんだよ
そうした町をソーラータウンと呼んでいるんだ

ソーラータウン？
最近ではあちこちにできているけど有名なのがオランダのアメルスフルトだね
このソーラータウンは町の電気消費量の約半分を太陽光発電で供給しているんだよ

へえ〜
すごいや〜
日本にはないんですか？
埼玉県などにもソーラータウンがあるよ
もっと増えそうですね！
わたしもそう思う！
そうだね
だけど離島のような地域だとどうなのかなぁ…
規模も小さくなるだろうし…

そうだね送電網のない地域もあるしね
ふ〜ん…
そうした地域では必要な電力だけを供給することになるだろうね
ものすごく小さな発電方法ってありますか？
うん
家電製品をいくつか稼働させるくらいなら自動車用に売られている鉛蓄電池で比較的簡単に電力がつくれるよ
それって通常の車に積んであるバッテリーですよね？
そうだよ
車には　エアコンやステレオやカーナビやその他にもいくつかの照明器具が搭載されているけど…
たった一基のバッテリーで稼働しているんだよ

そのバッテリーのもっと大型のものはないんですか？
最近　研究されている方法でもっと大規模な　たとえば町全体をカバーできるような蓄電可能な電力供給システムがあるよ
この方法だと複数の太陽電池アレイの出力を一括管理することになるだろうね
バッテリー

大型の蓄電設備を設置して町全体の供給電力を調整するわけですね
すごいなぁ
町全体で太陽電池を使うようになってやがて地球全体に広まっていけたら最高ですね！

資源の再利用が提唱されている時代だけどこと太陽光発電はあらゆる発電方式の中でもっとも　資材の再利用が可能だといえるだろうね！

蓄電池としては、車のバッテリーなどの鉛蓄電池のほかに、ナトリウム硫黄電池やレドックスフロー電池などが開発されています。いずれも大型ですが、充電と放電の効率が高く、寿命の長い蓄電池です。

モジュールは取り外せばすぐに移動できるしコンディショナなどの周辺機器も同様だよ！
太陽電池
あらゆる発電方法の中で、もっとも資源の再利用が可能です！
へえ～
金属部分だけでなくガラスやシリコンなどもリサイクルが可能だからね
シリコン？
太陽電池セルに用いられる半導体の材料だよ
修平！
たしか太陽電池セルって半導体素子を数層に重ね合わせたものだって教えてくれたわよね？
ああ…

あのぅ…
どうやら正しい情報だったみたい
よかった～
おれって信用ないな～
ははは
だけどこれで少しは信用度が上がったんじゃないの？
少しだけですけどね
かぁ～女って扱いずれえ～
たとえば鉱石から原料を精製して新しい製品を造るより…
リサイクルしたほうが製造のために必要なエネルギーの消費や温室効果ガスの排出を半分以下に抑えることができるんだよ
リサイクル

じゃあ
その分だけ
環境に
優しいって
ことですね？
そうだね
それに
シリコンのセルは劣化が少ないので
モジュールから取り外せば
そのまま再利用できるんだよ
へ〜
便利だね〜
ほんと！

チェックポイント

・たくさんの太陽光発電システムが導入され、電気消費量のかなりの部分をカバーできるような町をソーラータウンと呼んでいます。

・家電製品をいくつか稼働させるくらいの蓄電池なら、車のバッテリーでも可能です。

・シリコンのセルは劣化が少なく、モジュールから取り外してそのまま再利用できます。

《太陽光発電システムのライフサイクル》

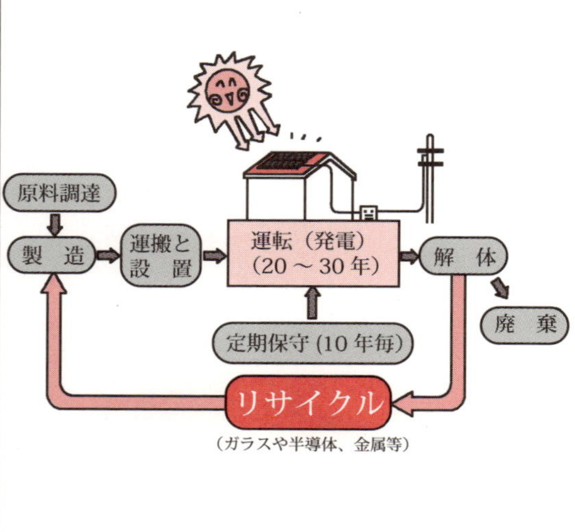
原料調達
製　造
運搬と
設　置
運転（発電）
（20 〜 30 年）
解　体
廃　棄
定期保守（10 年毎）
リサイクル
（ガラスや半導体、金属等）

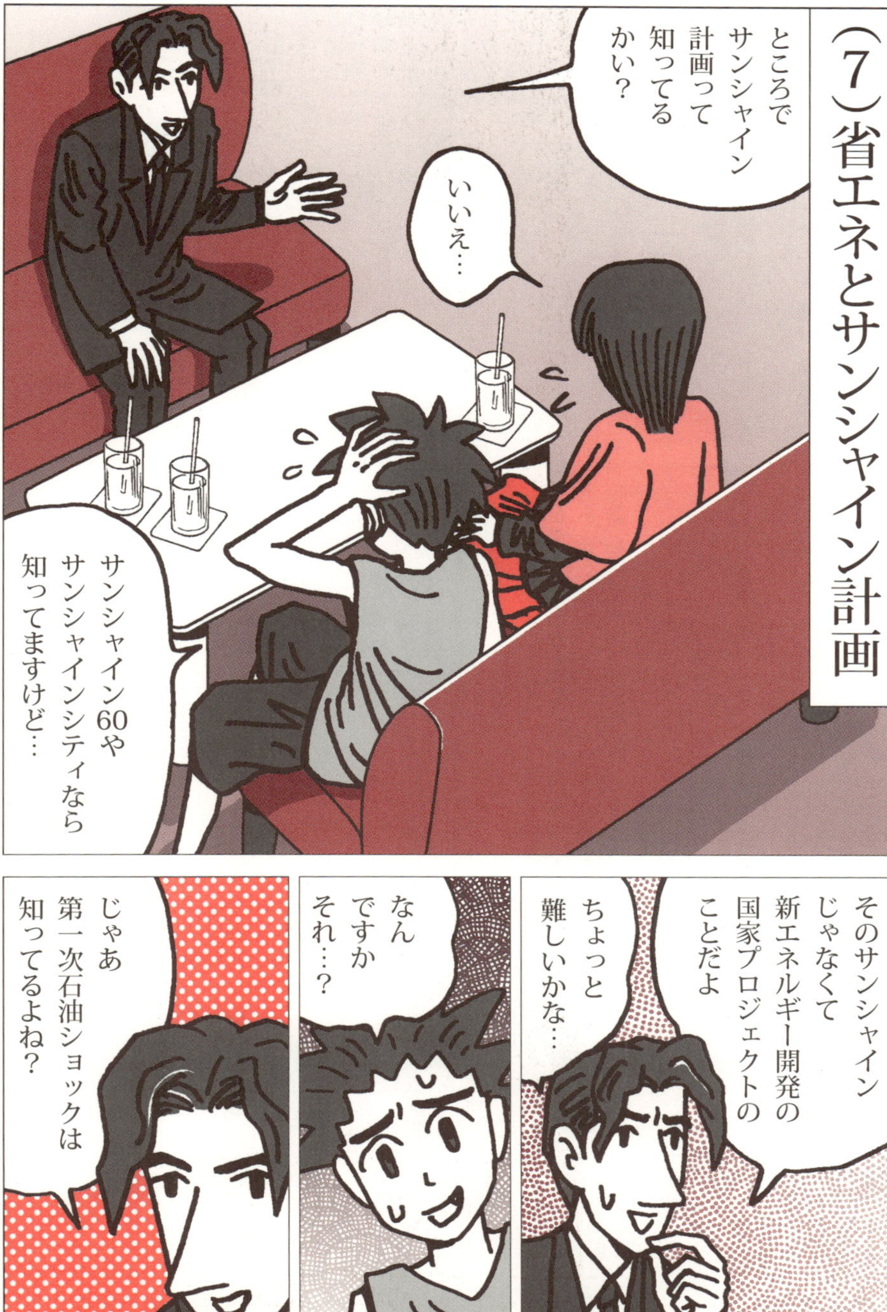
(7)省エネとサンシャイン計画
ところでサンシャイン計画って知ってるかい？
いいえ…
サンシャイン60やサンシャインシティなら知ってますけど…
そのサンシャインじゃなくて新エネルギー開発の国家プロジェクトのことだよ
ちょっと難しいかな…
なんですかそれ…？
じゃあ第一次石油ショックは知ってるよね？

第一次石油ショック…？
たしか中学の社会科で教わった気が…
す　するわよね…
教わったけど覚えてない…？
は　はい…
じゃあ簡単に説明するね…
1973年10月6日に第四次中東戦争が勃発すると　16日には石油輸出国機構（OPEC）に加盟するペルシア湾岸産油国6ヶ国が原油公示価格を21％引き上げ原油生産の削減とイスラエル支援国への石油の輸出を禁止することにしたんだよ
そして　翌年1月には原油価格を2倍に引き上げると決定してしまった…
当時のイスラエル首相
ゴルダ・ナイア

日本はアメリカと同盟国でイスラエル支援国家と見なされる可能性があって…
《公定歩合の推移》
9％
8％
7％
6％
5％
4％
3％
2％
1％
73 75 80 85 90 95 00 05 2010(年)
もしそうなると日本に石油が入ってこなくなる
インフレ抑制のため、１９７４年頃と１９８０年代初頭は高い金利になっています。
さぁ石油が入ってこないと日本経済は大変なことになるよね？
そうですね…
石油がないと日本経済は破綻してしまうわ…
そこで　日本は急遽時の副総理三木武夫氏を中近東に派遣し　日本をイスラエル支援国家リストから外してもらうように交渉したんだよ
総理大臣
田中角栄
しかし石油の価格は上がる一方だから物価はどんどん上がる…
大変なインフレを招いてしまったんだね
三木武夫副総理

これが第一次石油ショックだよ！
うわ～大変だったんですね～
エネルギーを中近東の石油に頼っていたからそんな事態を招いたんでしょ
もっと別のエネルギーを考えるべきですね～
お！雪絵さんいいこと言うねぇ！
そ　そうですか？
その第一次石油ショックを契機に　世界各国で新エネルギー開発の国家プロジェクトが始まったんだよ
つまり脱石油ということですね？
そういうこと！
サンシャイン計画
そして日本はサンシャイン計画という案件を推進することになったんだよ

91
（7）省エネとサンシャイン計画

ど どんな計画ですか？
西暦2000年までに太陽エネルギーを含めて新しいエネルギーを実用化しようという計画だったんだよ
当時としては非常に長いスパンで考えた画期的なプロジェクトだったと思うよ
今では 現実に太陽エネルギーを活用しているもんね
石油ショックを経験したからこその太陽エネルギーかも…
いや！
実際はこのサンシャイン計画の素案は石油ショックが起こる前からあったらしいよ
つまり先見の明があったということだね

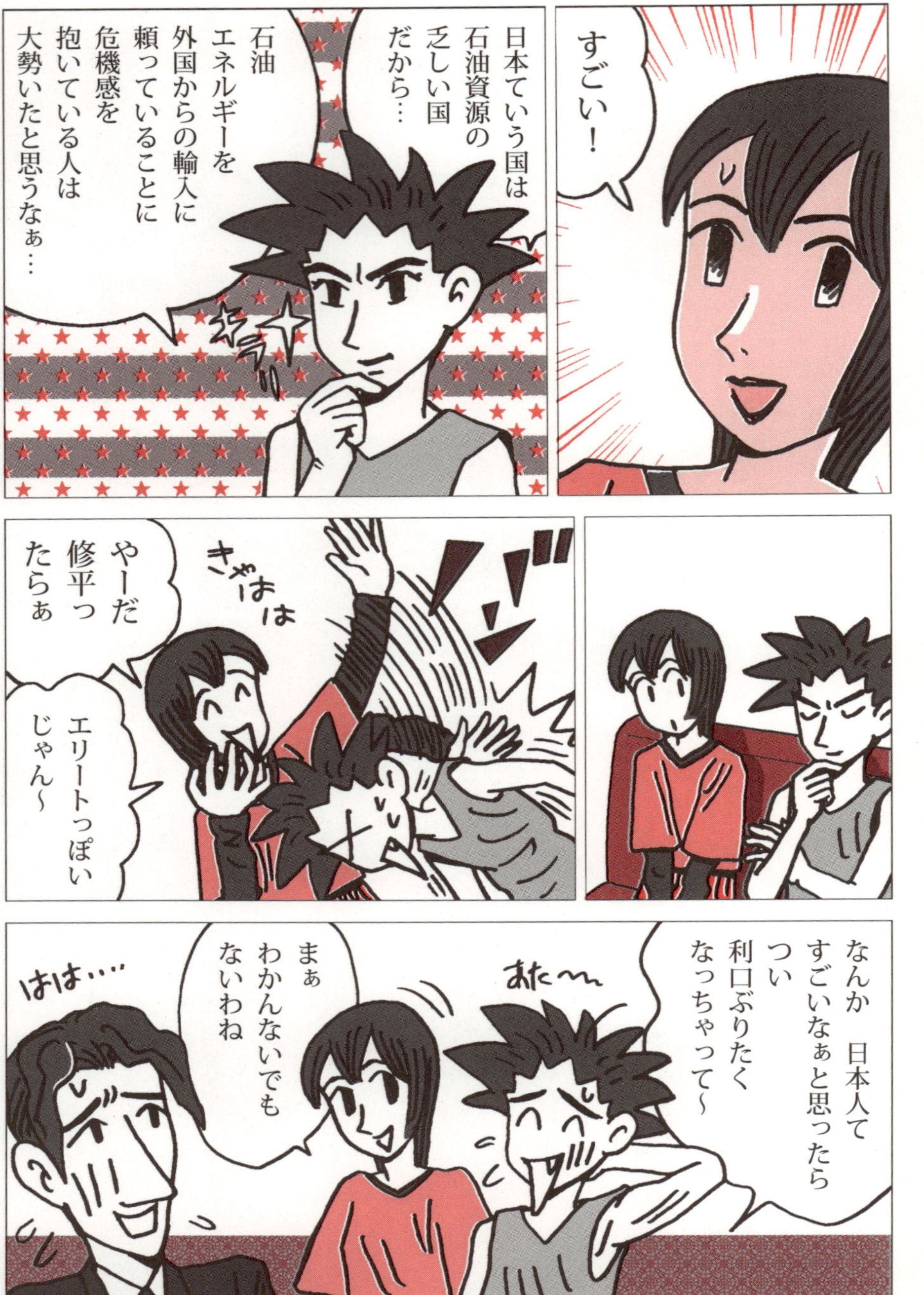
すごい！
日本ていう国は石油資源の乏しい国だから…
石油エネルギーを外国からの輸入に頼っていることに危機感を抱いている人は大勢いたと思うなぁ…
やーだ修平ったらぁ
きゃはは
エリートっぽいじゃん～
なんか　日本人てすごいなぁと思ったらつい利口ぶりたくなっちゃって～
あた～
まぁわかんないでもないわね
はは…

その後1978年にはムーンライト計画がスタートしたんだよ
ムーンライト計画
ええ〜サンシャインの次はムーンライトですかぁ？
日本人てどうしてこんなにカタカナ文字が好きなのかしら…
やっぱし心のどこかに欧米コンプレックスみたいなのがあるのかも…
う〜ん認めたくないけどね…

サンシャイン計画ではなく日本語で太陽計画とか太陽政策にすればよかったのにね
あれ?
太陽政策って聞いたことあるぞ…
たしかお隣韓国の政策で太陽政策ってあったわよ
あ!そーだ!
の・べ・さ~ん!
もおぉ
ごめんぼくの勉強不足でした
まあまあ
それで野辺さんムーンライト計画ってなんですか?
うん…
新エネルギーと並んで重要な省エネ技術開発計画がムーンライト計画だったんだよ
１８８９年にはマスコミなどにも地球温暖化問題が取りざたされるようになって地球環境技術開発も国家プロジェクトに採用されたんだよ

そして　1993年
これらのプロジェクトを
統合再編して
ニューサンシャイン計画として
スタートしたんだ
《サンシャイン計画の推移》
1974 1978 1989 1993 2000
サンシャイン計画
ムーンライト計画
地球環境技術
研究開発計画
ニュー
サンシャイン
計　画
新・省エネルギー計画
地球環境技術
それで
太陽光発電は
そのニューサンシャイン
計画の中で
どのような
ポジションに
あったんですか?
2001年度から
太陽光発電技術は
新エネルギー・
産業技術総合開発機構が
中心となって
推進してきているんだよ
現在でも
4~5年サイクルで
プロジェクトが
進んでいるよ
う〜ん….
新しいエネルギー技術の
開発と実用化には
長い年月がかかるよね…

ということは個人はもちろんだけど…
企業が開発して商品化するにはそれまでに莫大な運転資金が必要でしょうし…やっぱり国が推進していくしかないわよね…
技術開発はもちろんだけど新しいエネルギーを使うとなると新たな法整備が必要になってくるよね
そうか…
よくわかんないけど様々な問題があるんだ…
こうしたサンシャイン計画の成果もあって日本は太陽電池の生産量とシステム導入で世界の半分を占めているんだよ！
すごい！

近年は緒外国も追随してきているけど…
日本が太陽電池大国として世界をリードしていくにはこうした国家的長期的なプロジェクトは継続していくべきだと思うよ
日本が太陽電池大国なんだ！
知らなかったわ～
でもなんか嬉しい！

P チェックポイント

・サンシャイン計画は新エネルギー開発の国家プロジェクトです。

・地球環境技術開発も国家プロジェクトに採用され、統合再編されてニューサンシャイン計画としてスタートしました。

・日本が太陽電池大国として世界をリードしていくには、こうした国家的長期的なプロジェクトは継続していくべきです。

第二章　太陽電池の原理

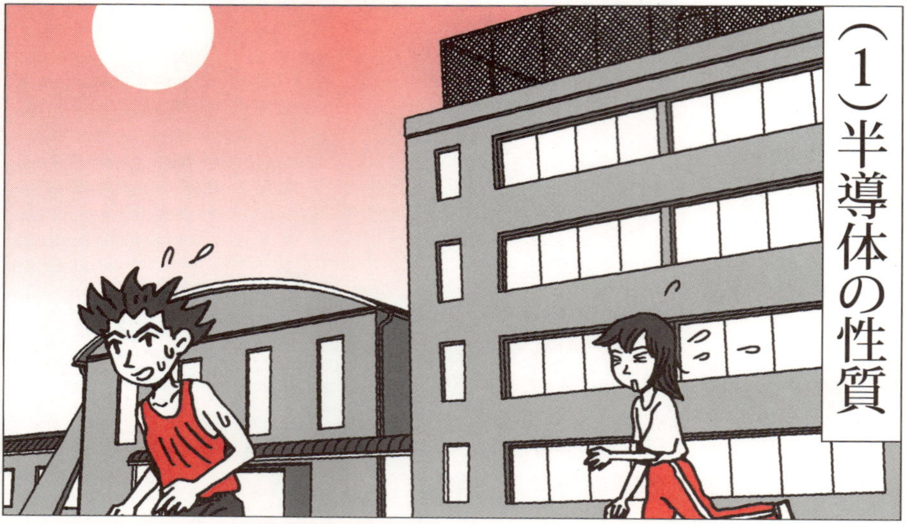
(1)半導体の性質

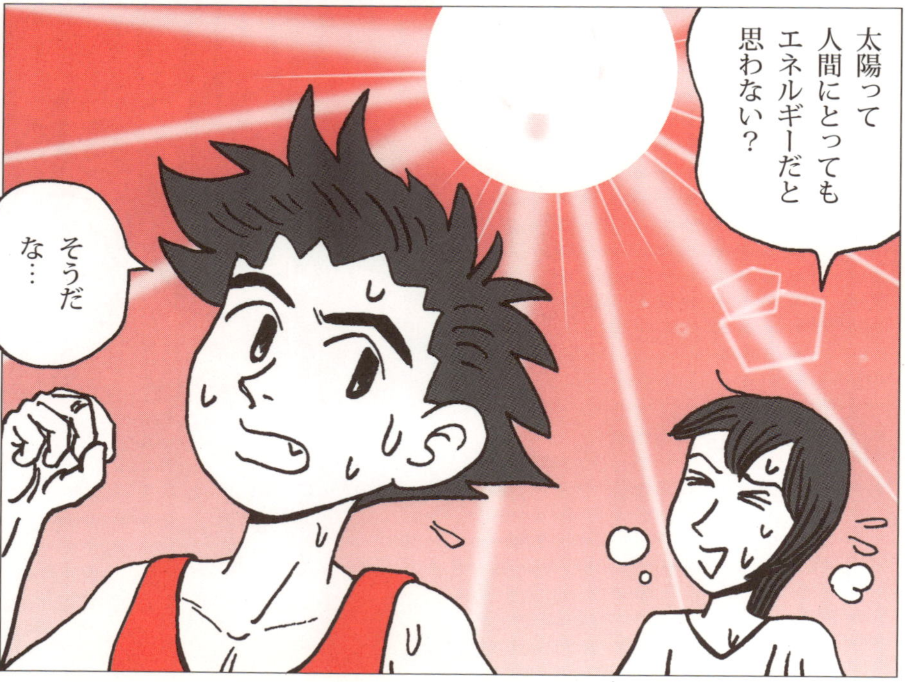
太陽って人間にとってもエネルギーだと思わない?
そうだな…

太陽なしではどんな生物も生きてはいけないよな…
修平に野辺さんを紹介してもらってほんとよかったと思ってるわ…
太陽電池についてバッチリ教えてもらおうね
なんだぁ？太陽電池がどうしたって？
にゅうぅ
うわぁビックリしたぁ！

一ノ関先輩も太陽電池に興味あるんですか？
ばーか！ねーよ！
今は部活だろーが！
おい加納！気ィ入れて走れよ！
はい！

セキヤマ住宅
太陽電池が通常の乾電池と決定的に違う点は蓄電できないことだったね
修平に教わりました
でもそれならどうして「電池」というんですか?
「電池」の定義はエネルギーを直接に直流電力に変換する電力機器という広い範囲なんだよ
だから乾電池や蓄電池などの化学反応を利用した電池だけが「電池」ではないんだね

電池のようで電池でない
そんな感じだね…
うん
ちなみに外国では太陽電池をどう呼んでいるんですか？
英語では「ソーラー・セル」などと呼ばれているし…
シリコン太陽電池がアメリカのベル研究所で発明されたときは「ソーラー・バッテリー」と呼ばれていたようだね
ぼくたちは電池といえば乾電池を思い浮かべてしまうけど太陽電池は乾電池や蓄電池の仲間だと思えばいいんだね
そうね

太陽電池の大きな欠点は夜間に発電できないことだったね
その点が太陽電池が電池だと思えないところだよね
そうね夜間に使えない電池って考えられないわ…
そこで　独立型の太陽光発電システムは太陽電池と蓄電池をセットにすることでこの欠点をカバーしているんだよ
ふ～ん
太陽電池
+
蓄電池
蓄電機能を備えた本当の意味での太陽電池を開発することがこれからの課題よね
うんそうだね
それが完成したら世の中のエネルギー問題が大きく進展すると思うよ
期待したいね！

野辺さん太陽電池ってどんな仕組みになっているんですか？
まず太陽電池セルがシリコンなどの板状の半導体素子を幾層にも積み重ねたものだということは話したよね？
はい！
半導体素子
半導体はコンピューターなどに広く使用されていて太陽電池の場合は電気特性の異なる2種類のn型とp型と呼ばれる半導体を組み合わせてあるんだよ
n型
p型
そしてこのn型・p型半導体に金属電極を設置すると…
太陽電池ができ上がるんだ！

太陽の光が入射する側に表面電極を設置します。表面電極には、光が半導体の中に入るように櫛状の電極を設置し、裏側には裏面電極を設置します。
n型半導体
表面電極
p型半導体
裏面電極
光電流
この2つの電極に電気回路を接続すると太陽電池で発生した電気がこの電気回路へと流れていくよ
だからこのように電球を接続しておけば電球が点灯するんだ
へぇぇ〜
すごい〜
半導体についてもっと詳しく教えてください！
いいよ
まず半導体は光を当てると電子と正孔が発生するという性質をもっているよ

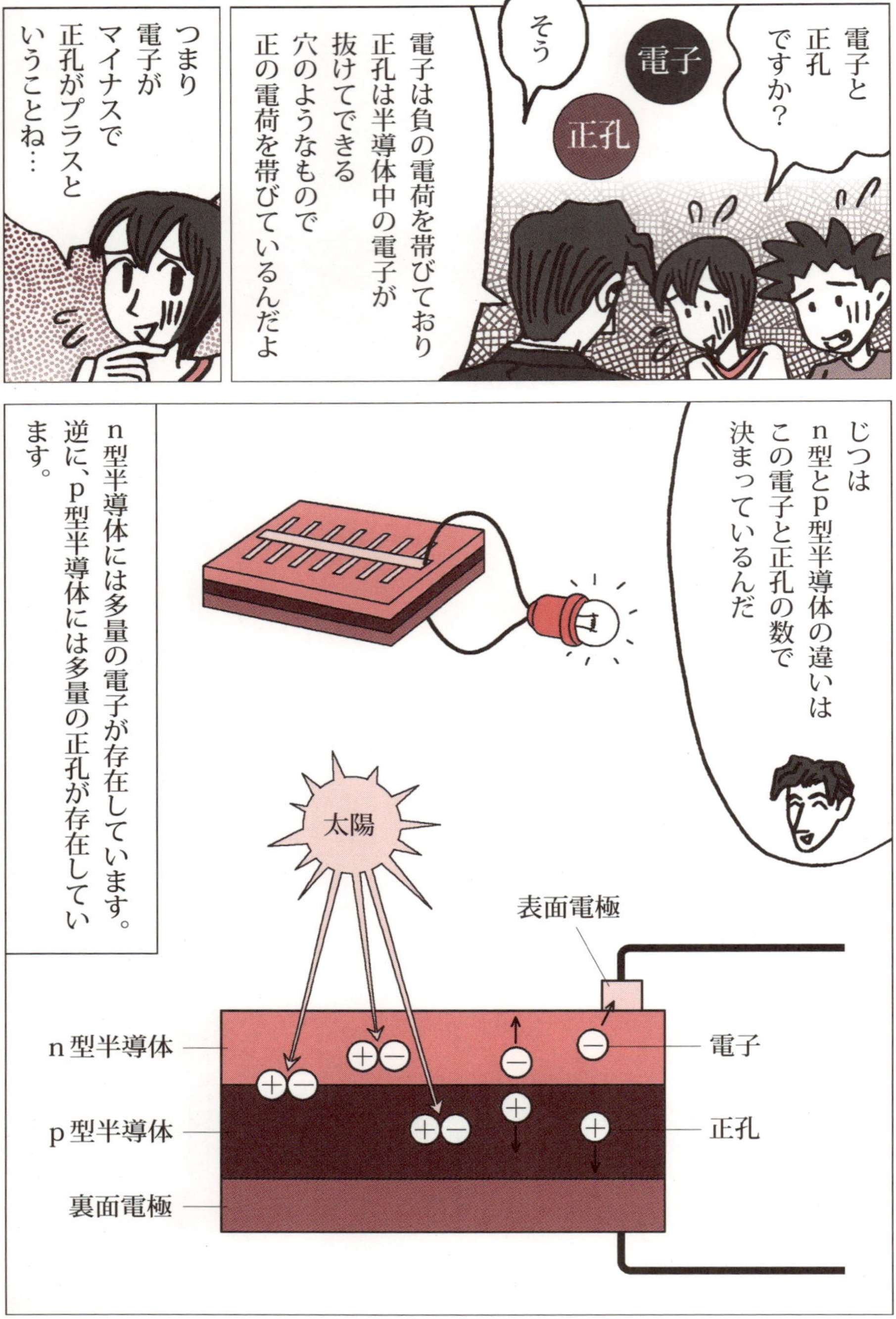
電子と正孔ですか？
電子
正孔
そう
電子は負の電荷を帯びており正孔は半導体中の電子が抜けてできる穴のようなもので正の電荷を帯びているんだよ
つまり電子がマイナスで正孔がプラスということね…
じつはn型とp型半導体の違いはこの電子と正孔の数で決まっているんだ
n型半導体には多量の電子が存在しています。逆に、p型半導体には多量の正孔が存在しています。
太陽
表面電極
n型半導体
p型半導体
裏面電極
電子
正孔

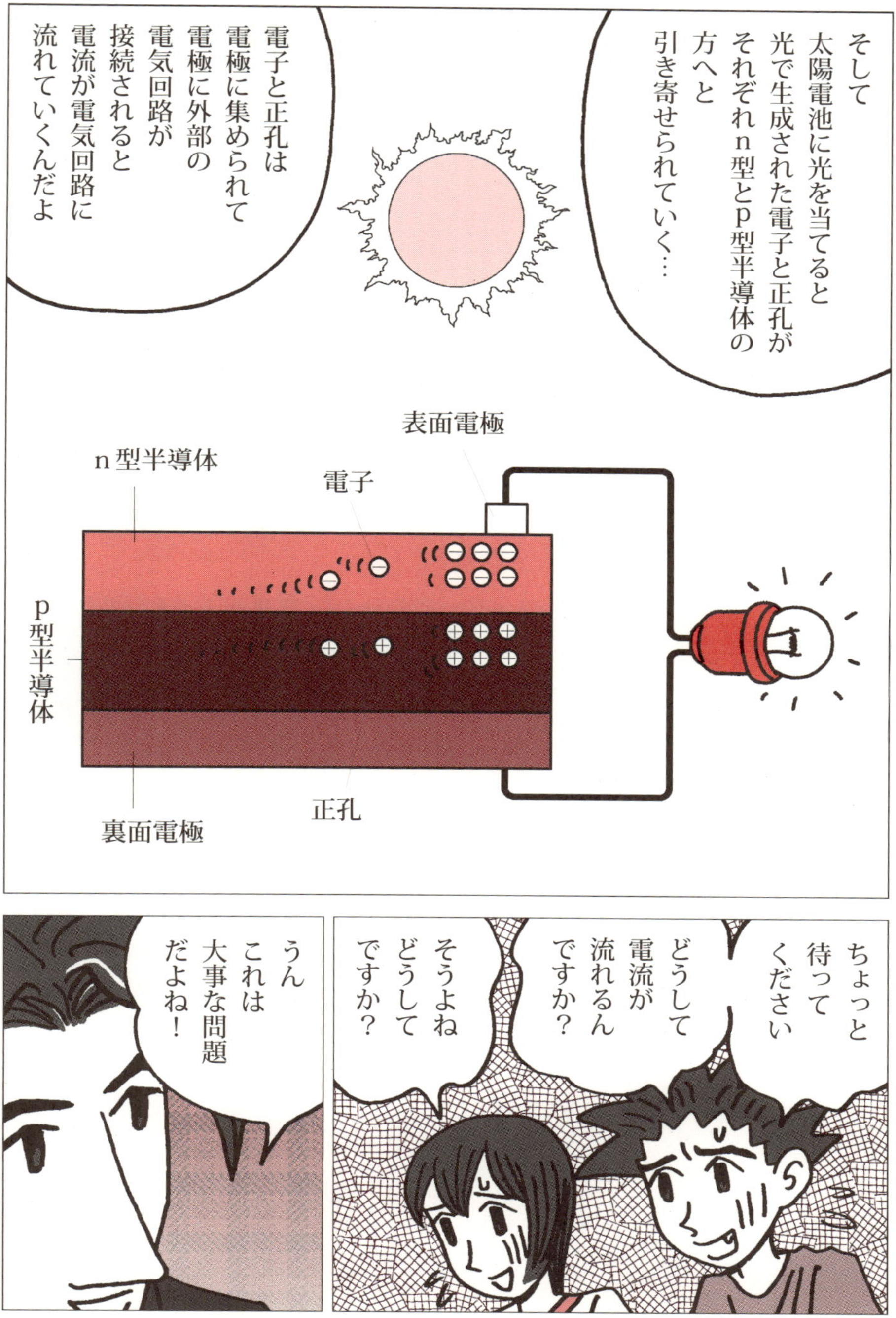
そして太陽電池に光を当てると光で生成された電子と正孔がそれぞれn型とp型半導体の方へと引き寄せられていく…
電子と正孔は電極に集められて電極に外部の電気回路が接続されると電流が電気回路に流れていくんだよ
表面電極
n型半導体
電子
p型半導体
正孔
裏面電極
ちょっと待ってください
どうして電流が流れるんですか？
そうよねどうしてですか？
うんこれは大事な問題だよね！

シリコン結晶半導体で
説明すると　まず
シリコン結晶は
規則正しい
原子の配列で
構成されている
価電子
Si
シリコンは 4 個の価電子を持っています
これは
わかるね？
はい
原子は
原子核と
その回りを
回る
電子で
できて
いますよね
そうだね
原子核は
正の電荷を持ち
電子は
負の電荷を
持っている
電子 (−)
原子核 (＋)
さあ
ここで
大事なのは…
一番外側の
軌道にある
電子の数
なんだよ
価電子
原子核
これを
価電子と
呼ぶよ！

109
（1）半導体の性質

価電子！
シリコン原子は4個の価電子をもっている
そしてこの電子をお互いに共有してそれぞれ4つの化学結合を作っているんだね
Si Si Si Si Si Si Si Si
じゃあこのシリコン結晶に光を当てるとどうなると思う？
さあ…？
どうなるんですか？
じゃあヒント！
光はボールのような粒子と考えて光の波長に応じてある一定のエネルギーを持っているよ
そしてその光がシリコン原子に当たったと考えたら…
さあどうなる？
光
光をボールのような粒子と考えます

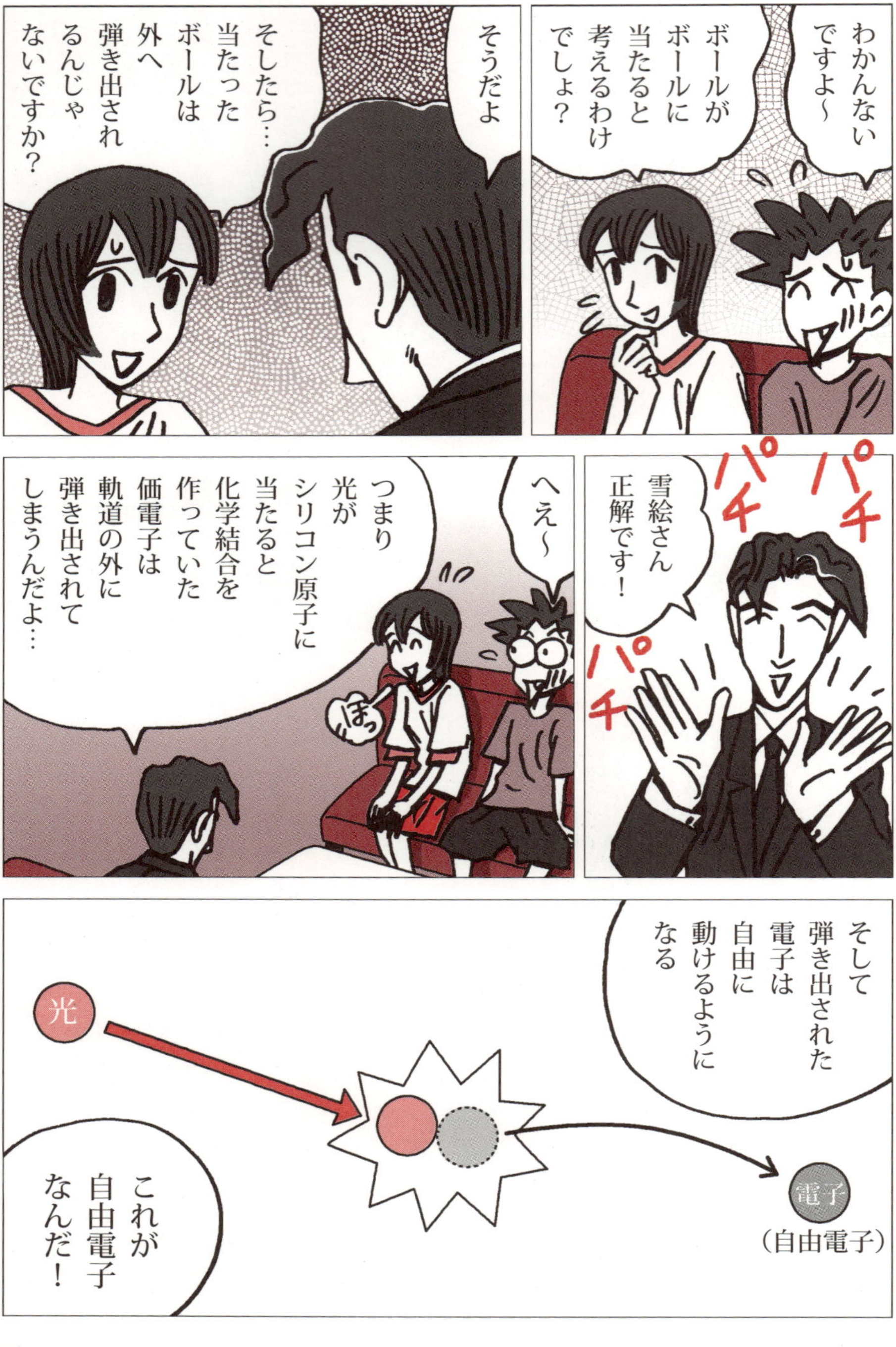
わかんないですよ～
ボールがボールに当たると考えるわけでしょ？
そうだよ
そしたら…当たったボールは外へ弾き出されるんじゃないですか？
パチ
パチ
雪絵さん正解です！
パチ
へえ～
つまり光がシリコン原子に当たると化学結合を作っていた価電子は軌道の外に弾き出されてしまうんだよ…
ほっ
そして弾き出された電子は自由に動けるようになる
光
電子
（自由電子）
これが自由電子なんだ！

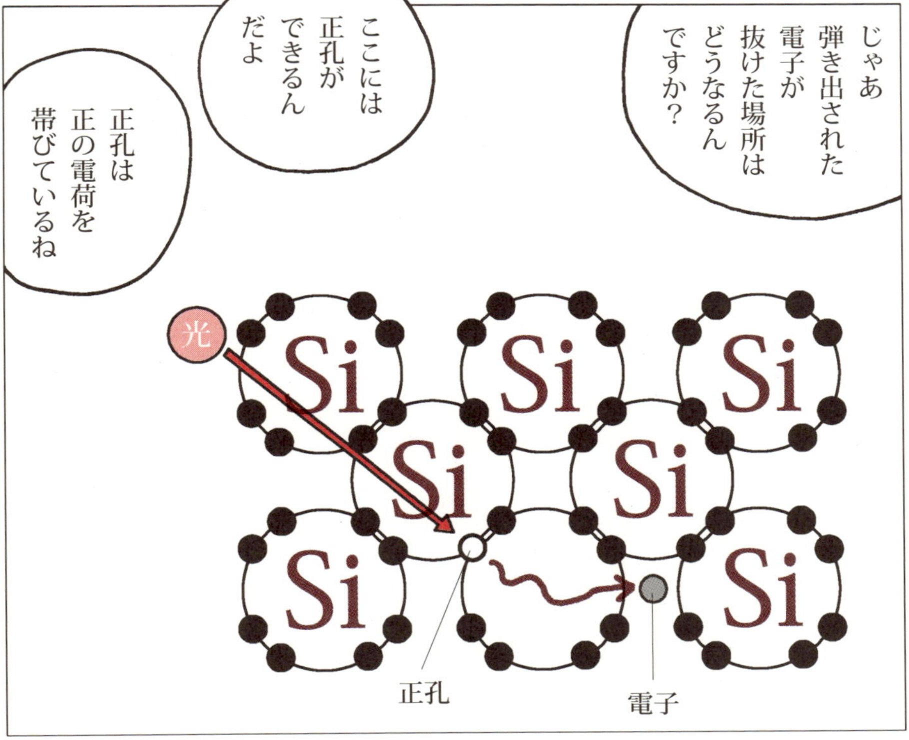
じゃあ弾き出された電子が抜けた場所はどうなるんですか？
ここには正孔ができるんだよ
正孔は正の電荷を帯びているね
光
Si
Si
Si
Si
Si
Si
Si
正孔
電子

あれ？でも電子は負の電荷で正孔は正の電荷なんでしょ…
てことは負と正の電荷が存在するってことですよね…
なんか電流が流れそうな気がします…

その通り！
電荷は負から正に移動するんだよ
そしてこの電荷の移動が電流なんだ！
もっとわかりやすく言えば自由電子の流れが電流ということになるね
太陽電池では光によって生じた電子と正孔が電極に集められて最終的に光電流になるんだよ！
なるほど…

《バンド図》

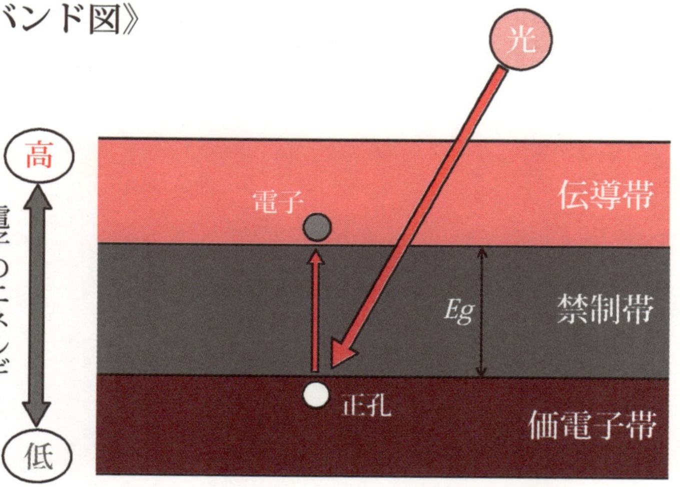
光
高
電子のエネルギー
低
伝導帯
電子
禁制帯
Eg
正孔
価電子帯
Eg：バンドギャップ

113

（1）半導体の性質

半導体というからには…
導体とか絶縁体もあるんですか？

うん
導体と絶縁体の中間的な導電率の物質だから半導体と呼ばれるんだよ
導電率…

導電率は、電流の流れやすさを表しています。

でもなぜ半導体なんですか？
電流が流れるんだったら導体の方がいいと思うんですが…？

導体は電流が流れやすいし絶縁体は電流が流れない
導体（電流がよく流れます）
半導体（電流が流れます）
絶縁体（電流が流れません）
そして　半導体はほぼその中間くらいの電流を流すと思えばいいよ
なるほど…

その半導体には今までに何度か話してきたようにシリコンやゲルマニウムなどがあるんだよ
シリコンね…

じつは　半導体は同じ物質であっても含まれる不純物の濃度によって導電率の良し悪しが異なってくるんだよ

この不純物を「ドーパント」と呼んでいます。そして、ドーパントによって、電気的な性質を制御することを「ドーピング」といいます。

じゃあ　たとえば
シリコンに
不純物が
含まれていないと
そのシリコンは
絶縁体に
限りなく近いって
ことですか？
そうなん
だよ
逆に　不純物が
あると　導体と
同じくらいに導電率が
良くなることもある
おもしろ
い〜
こうした性質を利用すると
不純物の濃度を
変えることで　導電率が
操作できるよね
た
たぶん
…
…もしかして
半導体に
わざと不純物を
混ぜ　るわけ
ですね？
そうだよ！
よく気が
ついたね！
はい…
だって
不純物の濃度によって
導電率が変わるって
話してくれたじゃ
ないですか〜

たとえば
シリコン半導体なら
リン原子とホウ素原子を
混入させて　それぞれ
p型・n型半導体と
なっているよ…
ホウ素
B
（価電子３個）
シリコン
Si
（価電子４個）
リン
P
（価電子５個）

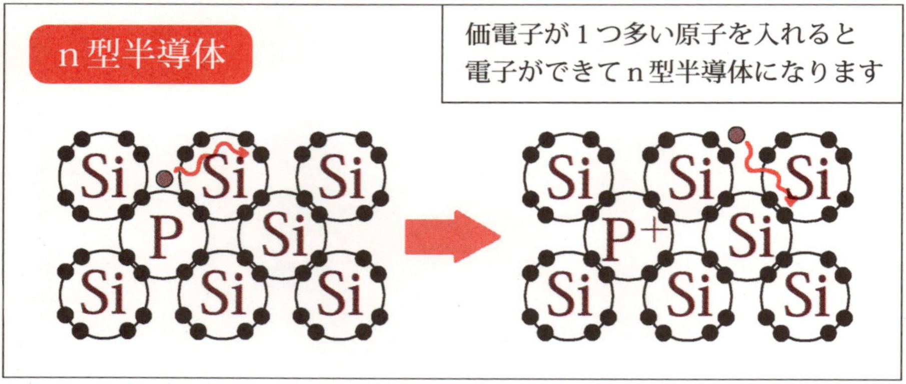
n型半導体
価電子が１つ多い原子を入れると
電子ができてn型半導体になります
Si
P
P+

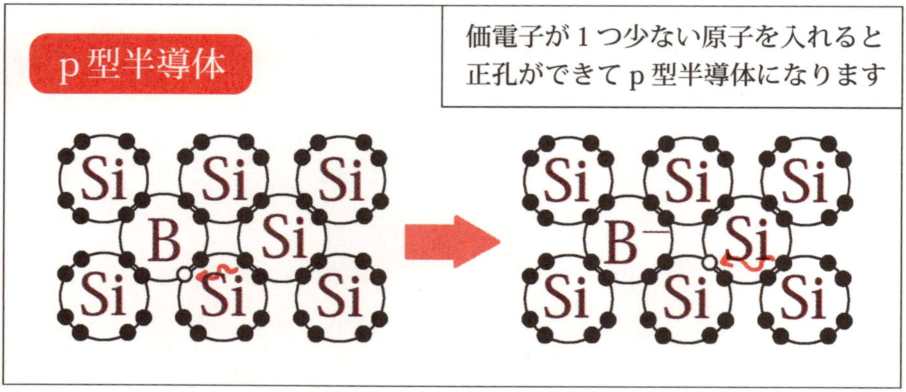
p型半導体
価電子が１つ少ない原子を入れると
正孔ができてp型半導体になります
Si
B
B−

117
（1）半導体の性質

半導体にはこうした性質があるからエレクトロニクスの材料として重要視されているんだよ
そしてとくに多く利用されているのがシリコンなんだ
どうしてシリコンなんですか？

価格が安いだけでなく良質の結晶が確保できるからだよ
それにシリコンは絶縁膜を容易に作れるしね
Si

名称	シリコン（ケイ素）
記号、番号	Si、14
分類	半金属
族、周期、ブロック	14(IVB)、3、p
密度	2330kg·m^{-3}
硬度	6.5
単体の色	暗灰色

なにしろ安くて質が良いのが一番ですよね！
だな…

それに可視光の吸収・放出や可視光に応じて電気的性質を変化させたりできるんだよ…

こうした半導体の特徴から太陽電池だけでなくレーザーやＬＥＤなど様々な光機能デバイスに応用されているんだ

レーザープリンタは、レーザーを感光に利用した印刷機です。

レーザーとは、エネルギーの活性化放出による光の増幅のことです。レーザー治療などに活用されています。

ＬＥＤ(Light Emitting Diode)は、光を放射するダイオードのことです。いわゆる、発光ダイオードのことです。半導体のｐｎ接合を持つ結晶体に、一定方向の電流を流すと、結晶内で発生するエネルギーが光となって放射される、という性質を利用した半導体素子です。放射される光の色は結晶の種類と添加物によって決まり、光の３原色「赤・緑・青」を作り出します。

半導体ってすごいよなぁ～
ほんと…

P チェックポイント

・独立型の太陽光発電システムは、太陽電池と蓄電池をセットにすることで夜間の電力使用を可能にしています。
・太陽電池セルはシリコンなどの板状の半導体素子を幾層にも積み重ねたもので、電気特性の異なる2種類のn型とp型半導体を組み合わせてあります。
・シリコン原子は4個の価電子をもち、この電子をお互いに共有してそれぞれ４つの化学結合を作っています。
・光がシリコン原子に当たると、化学結合を作る価電子は軌道の外に弾き出され、自由電子となります。
・同じ物質の半導体であっても、含まれる不純物の濃度によって、導電率の良し悪しが異なってきます。そして、この不純物の濃度を変えることで導電率が操作できます。

119
（2）太陽電池のコアは

（2）太陽電池のコアは
野辺さん　太陽電池で最も重要な部分て何ですか？
そうね　わたしも知りたいわ
太陽電池のコアは太陽電池の基本構造が半導体のｐｎ接合だということだよ！
ｐｎ接合！
詳しく教えてください
ｐ型半導体とｎ型半導体を接触させると両方の電気的な性質の違いから　接触面に電位が発生する…
接触面に電位が発生します！
ｐ型半導体
ｎ型半導体

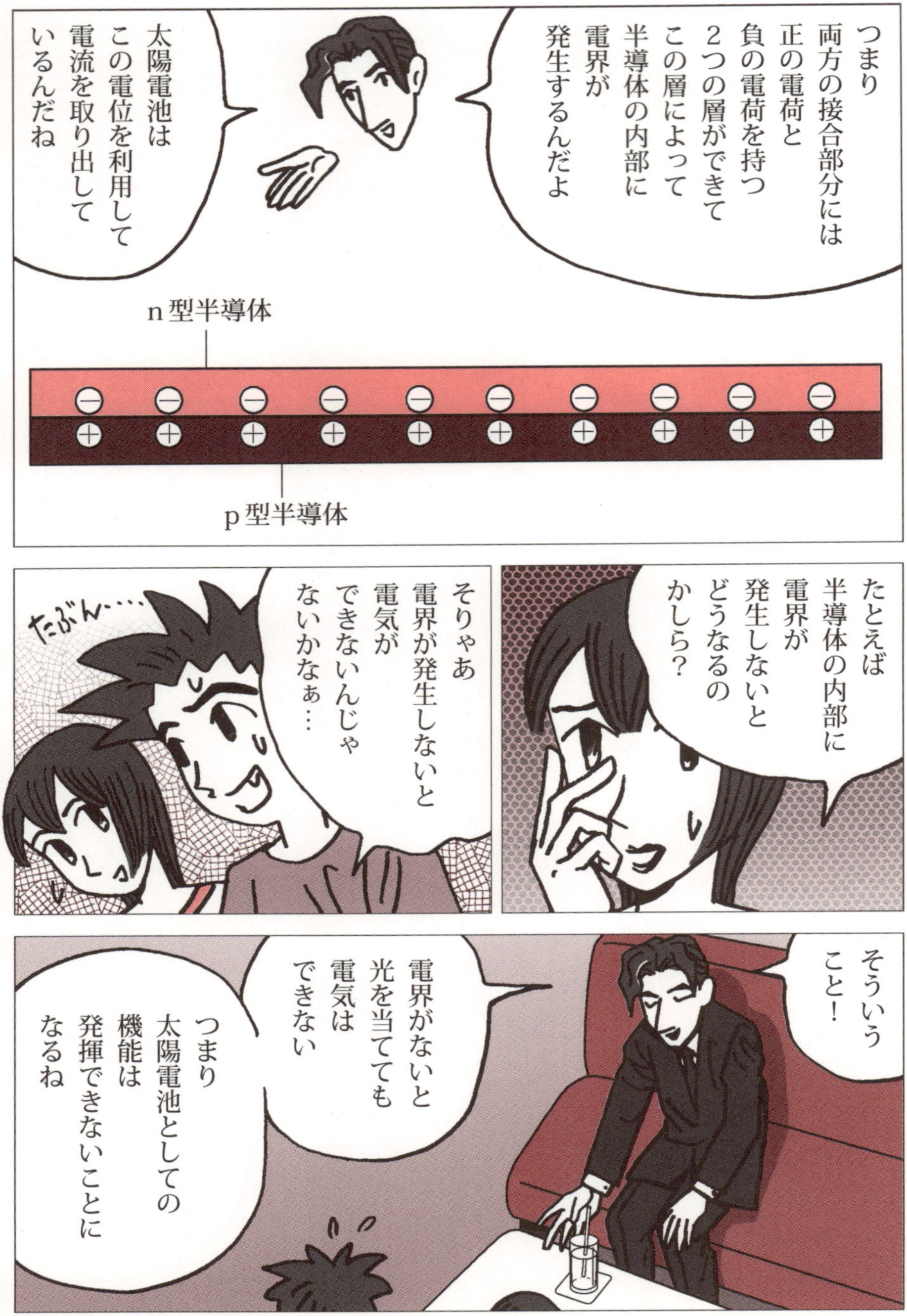
つまり 両方の接合部分には 正の電荷と 負の電荷を持つ 2つの層ができて この層によって 半導体の内部に 電界が 発生するんだよ
太陽電池は この電位を利用して 電流を取り出して いるんだね
n型半導体
p型半導体
たとえば 半導体の内部に 電界が 発生しないと どうなるの かしら？
そりゃあ 電界が発生しないと 電気が できないんじゃ ないかなぁ…
たぶん…
そういう こと！
電界がないと 光を当てても 電気は できない
つまり 太陽電池としての 機能は 発揮できないことに なるね

121
（2）太陽電池のコアは

これが太陽電池の最もコアな部分だよ！
なるほど！
それじゃあ電界はどのようにしてできるんですか？

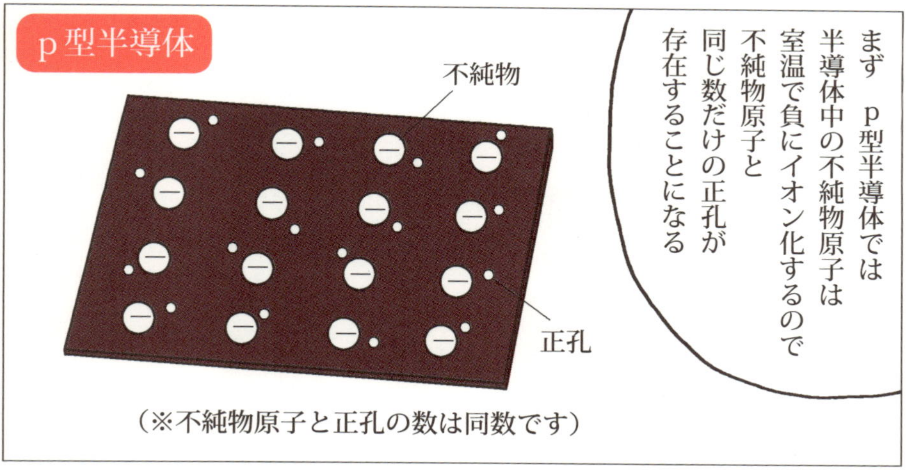
まず　p型半導体では半導体中の不純物原子は室温で負にイオン化するので不純物原子と同じ数だけの正孔が存在することになる
p型半導体
不純物
正孔
（※不純物原子と正孔の数は同数です）

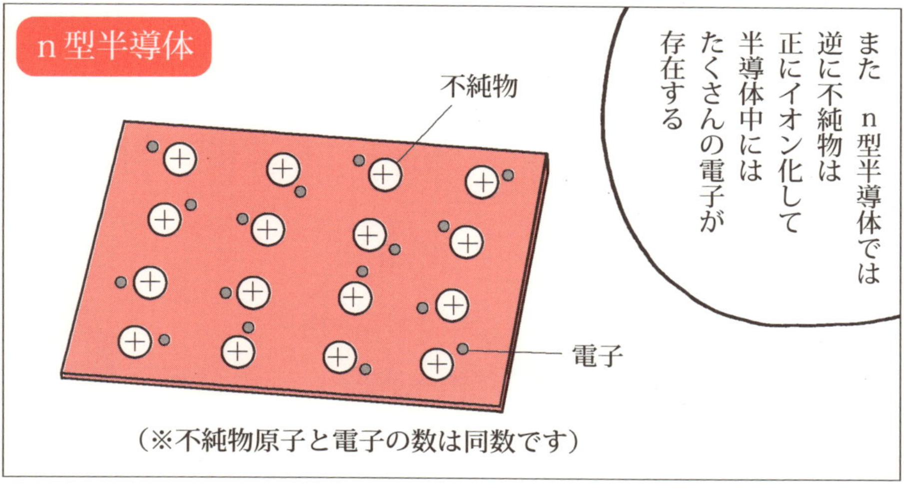
また　n型半導体では逆に不純物は正にイオン化して半導体中にはたくさんの電子が存在する
n型半導体
不純物
電子
（※不純物原子と電子の数は同数です）

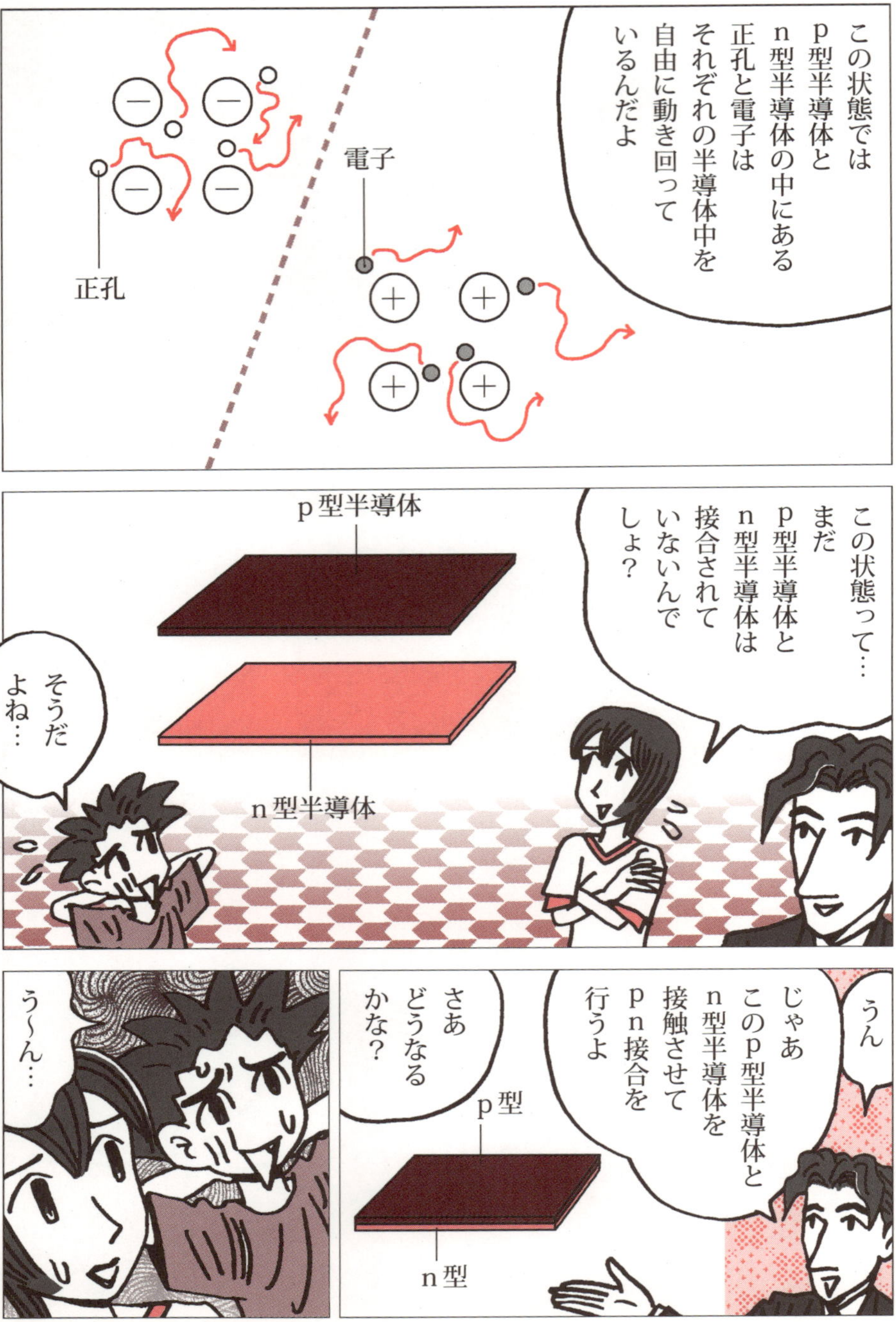
この状態では p型半導体と n型半導体の中にある 正孔と電子は それぞれの半導体中を 自由に動き回って いるんだよ
電子
正孔
この状態って… まだ p型半導体と n型半導体は 接合されて いないんで しょ？
p型半導体
n型半導体
そうだ よね…
うん
じゃあ このp型半導体と n型半導体を 接触させて pn接合を 行うよ
さあ どうなる かな？
p型
n型
う～ん…

さっき p型半導体中には正孔が n型半導体中には 電子が存在して それぞれ自由に 半導体中を 動き回っていると おっしゃった じゃないですか…
たしかに 言ったね！
ということは p型半導体と n型半導体とが 接合されたん なら…
p型半導体
n型半導体
正孔
電子
たぶん 両者の垣根を越えて p型半導体中の正孔がn型半導体中に 逆に n型半導体中の電子が p型半導体中に移動し始めるんじゃ ないかしら…
パチ パチ
雪絵さん 正解 ですよ！
パチ パチ パチ
すげえ～
パチ パチ

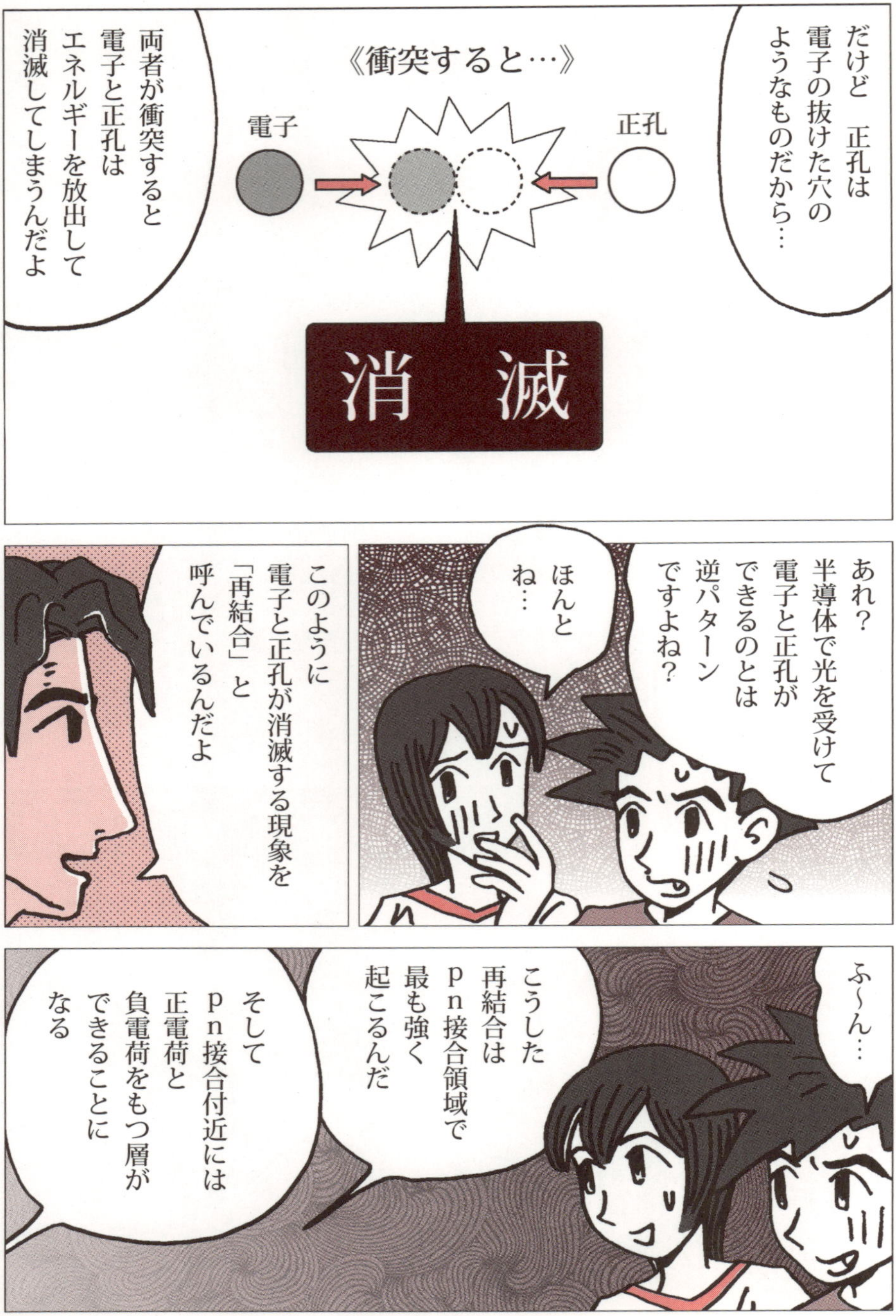
だけど　正孔は電子の抜けた穴のようなものだから…
《衝突すると…》
電子
正孔
消滅
両者が衝突すると電子と正孔はエネルギーを放出して消滅してしまうんだよ
あれ？半導体で光を受けて電子と正孔ができるのとは逆パターンですよね？
ほんとね…
このように電子と正孔が消滅する現象を「再結合」と呼んでいるんだよ
ふ～ん…
こうした再結合はｐｎ接合領域で最も強く起こるんだ
そしてｐｎ接合付近には正電荷と負電荷をもつ層ができることになる

つまり
太陽電池の内部電界は
この2つの層によって
発生することに
なるんだよ！
pn 接合領域
なるほど…
こうして
電界が
できるのね…

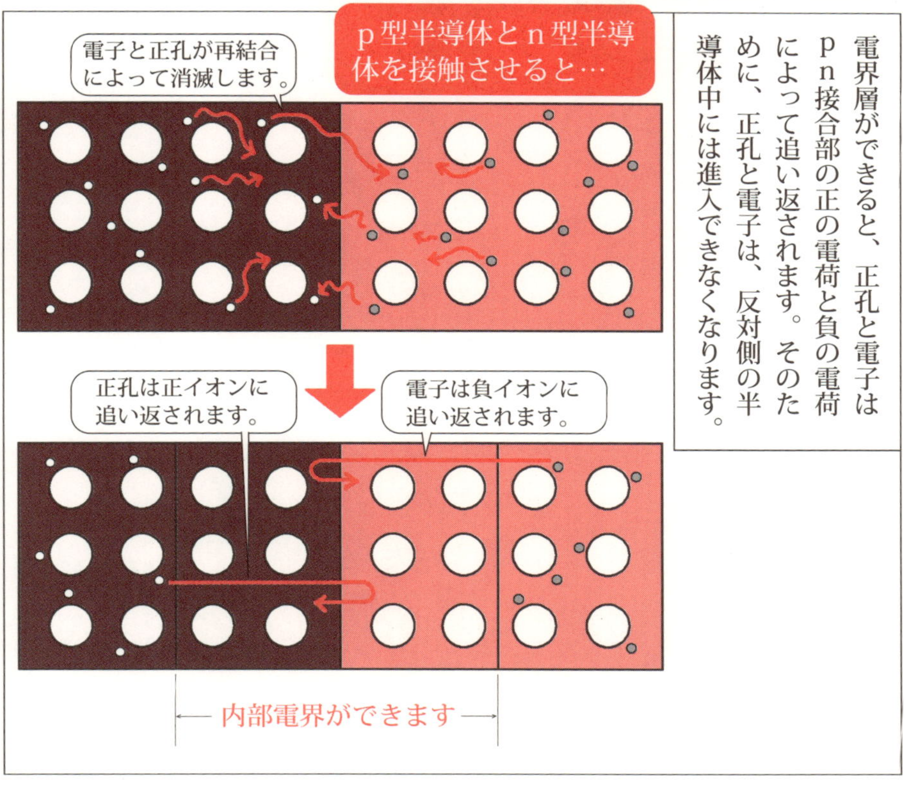
電界層ができると、正孔と電子はｐｎ接合部の正の電荷と負の電荷によって追い返されます。そのために、正孔と電子は、反対側の半導体中には進入できなくなります。
ｐ型半導体とｎ型半導体を接触させると…
電子と正孔が再結合によって消滅します。
正孔は正イオンに追い返されます。
電子は負イオンに追い返されます。
内部電界ができます

こうしてpn接合部でできた内部電界は通常の電池と同じような働きをするんだよ
それが太陽電池の基本的な仕組みというわけですね
そういうこと！
なんかようやく太陽電池がわかってきた感じがする…
ふふふ……
修平～
じゃあ今までは何なの？
まあなんとなくわかったような気がしてたっていうか…
でもわかってきたんならよかったね
えへへ…

…半導体ってすごいよね
ああ
半導体あっての太陽電池だよな
とくにpn接合はすげー
橋戸高等学校
くだらねーなぁ!
たたた
あ!一ノ関先輩おやようございます
おはようございまぁーす
おめーら真剣に陸上やる気あんのか?
汗をかかない青春なんてやめちまえ!

あいつら陸上より太陽電池の方が大事なのか…
まったくぅ～

Ⓟチェックポイント

- 太陽電池の基本構造は半導体のpn接合です。
- p型半導体とn型半導体を接触させると、接触面に電位が発生する。
- 太陽電池の内部電界は、pn接合付近にできる正電荷と負電荷をもつ層によって発生します。

（3）太陽電池の電流と電圧
ザァァ
こういう天気だと太陽電池の出力が落ちるんでしょ？
しょうがないね
雨も電力もすべてが太陽次第なんだから…

雨の日にうちの会社まで来てもらうのは悪いと思ってここにしちゃったけど迷惑じゃなかった？
とんでもありません！
ここの方がよかったりして…
太陽電池が光を受けると外部回路に電流が流れ同時に電圧が発生することは話したよね
はい
この現象は半導体のバンド図からもわかるんだよ
バンド図？
聞いたことあるね…
たしかシリコン結晶半導体について野辺さんが話してくれたときバンド図という言葉が出てきたと思うけど…
バンド図

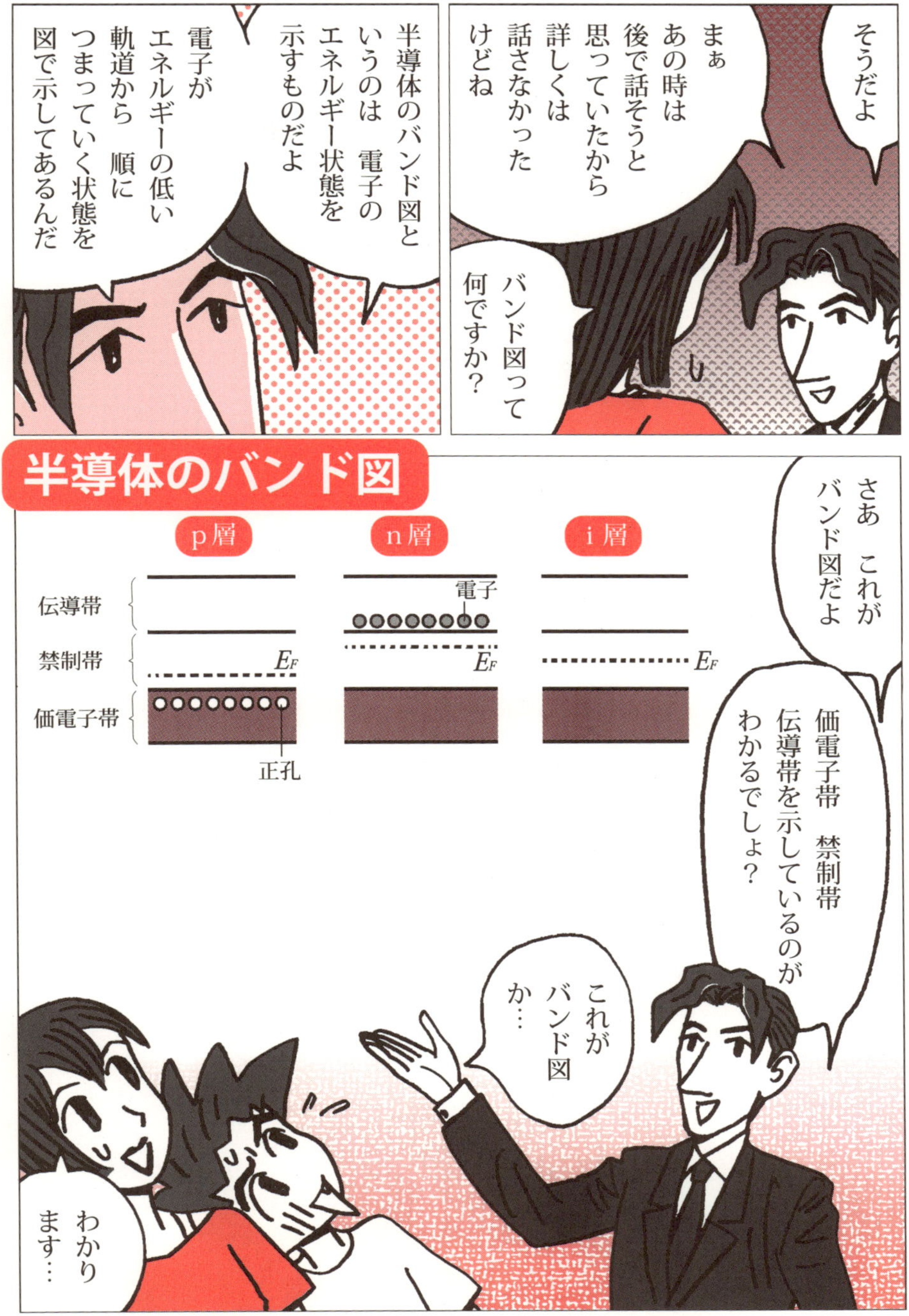
そうだよ
まぁ あの時は後で話そうと思っていたから詳しくは話さなかったけどね
バンド図って何ですか？
半導体のバンド図というのは 電子のエネルギー状態を示すものだよ
電子がエネルギーの低い軌道から 順につまっていく状態を図で示してあるんだ
半導体のバンド図
p層
n層
i層
伝導帯
禁制帯
価電子帯
電子
正孔
E_F
E_F
E_F
さあ これがバンド図だよ
価電子帯 禁制帯 伝導帯を示しているのがわかるでしょ？
これがバンド図か…
わかります…

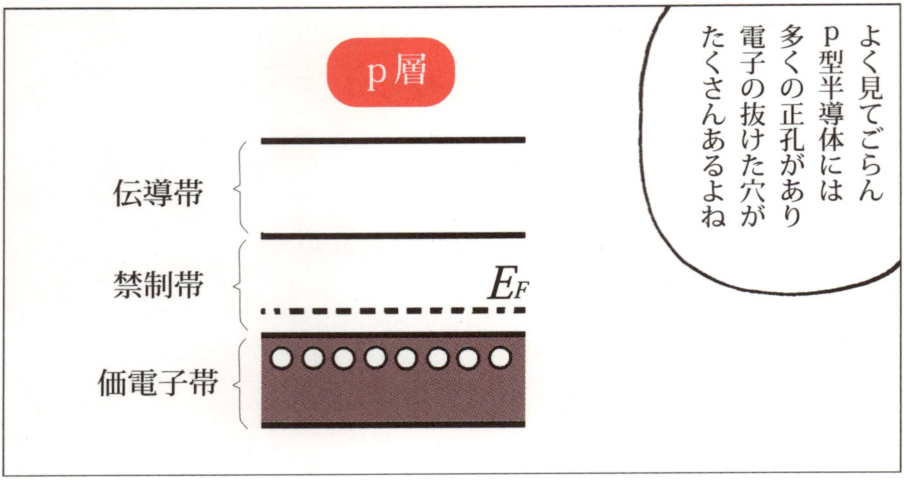
よく見てごらん
p型半導体には
多くの正孔があり
電子の抜けた穴が
たくさんあるよね
p層
伝導帯
禁制帯
E_F
価電子帯

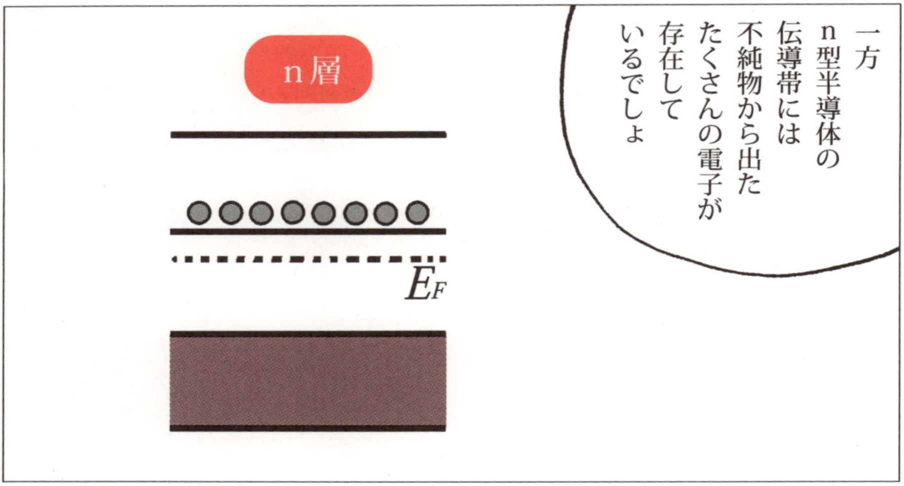
一方
n型半導体の
伝導帯には
不純物から出た
たくさんの電子が
存在して
いるでしょ
n層
E_F

そして
この電子がつまっている
エネルギーの高さを
フェルミレベルと
いうんだよ
E_F：フェルミレベル
覚えて
おいてよ！

フェルミ
レベル！

フェルミレベルが、エネルギーバンドの中にあるか、あるいは2つとも異なるエネルギーバンドの間にあるのかによって、結晶の電気特性はまったく異なります。

図をよく見ると
半導体pには
たくさんの正孔があって
フェルミレベルは
価電子帯の近くに
あるよね
ところがn層では
フェルミレベルは
伝導帯の近くに
ある
ほんと
だ…
p層
E_F
n層
E_F

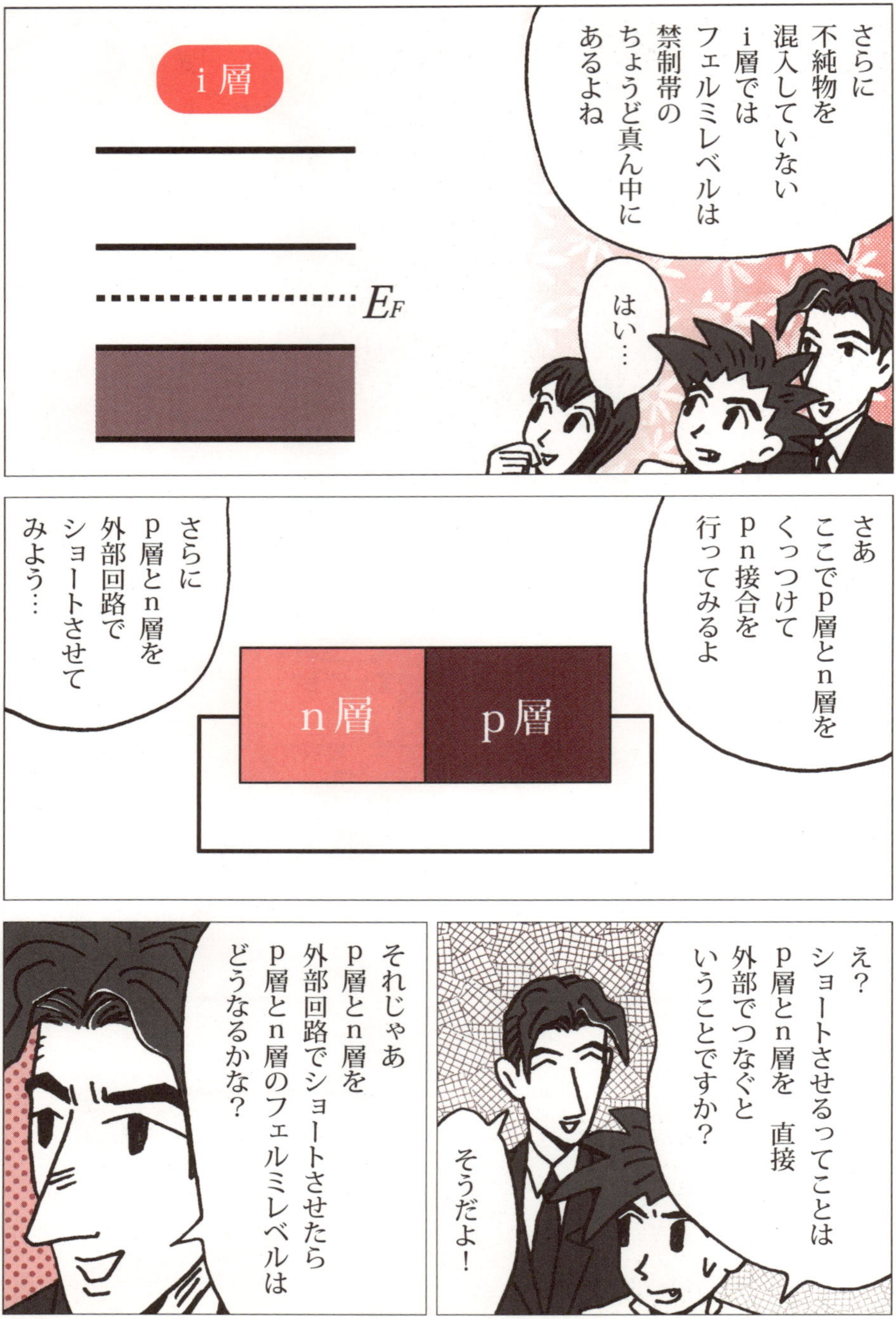
さらに不純物を混入していないi層ではフェルミレベルは禁制帯のちょうど真ん中にあるよね
はい…
i層
E_F
さあここでp層とn層をくっつけてpn接合を行ってみるよ
さらにp層とn層を外部回路でショートさせてみよう…
n層
p層
え？ショートさせるってことはp層とn層を直接外部でつなぐということですか？
そうだよ！
それじゃあp層とn層を外部回路でショートさせたらp層とn層のフェルミレベルはどうなるかな？

135
（3）太陽電池の電流と電圧

さ
さあ〜
わかりません…
たぶん…
両者のフェルミレベルは一致すると思います！
そうだね！
なんでわかるの？
お
おまえなんでわかんだよ？
勘よ！
勘？
……
♪
か〜
女って勘が鋭いっていうけど本当だな…
だってショートさせるってことは両者をつなぐってことでしょ
つないだら単純に何かを両者で共有するじゃん
それは同じレベルでないと共有できないでしょ
えへん！
勘の根拠はそんなとこね…

ショートさせると
雪絵さんが
言ったように
p層とn層の
フェルミレベルが
一致するんだよ
そして
pn接合部には
バンドが曲がった
領域ができる！

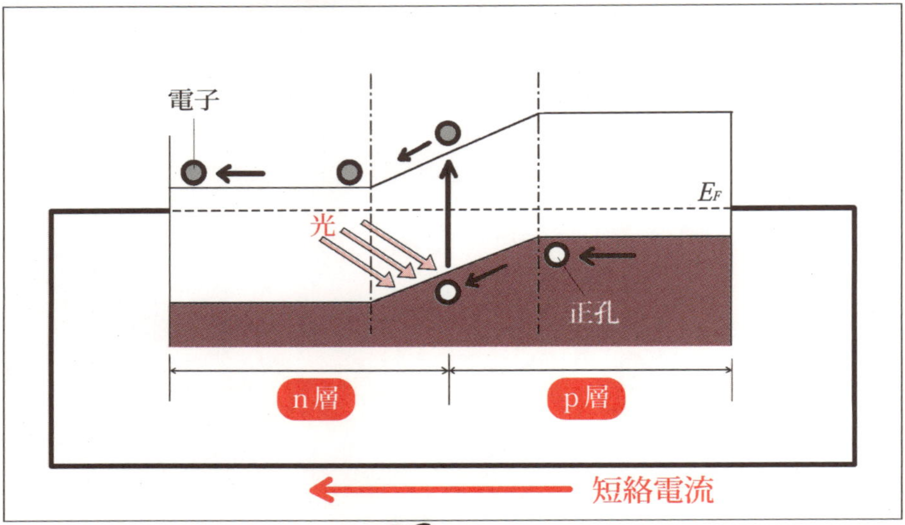
電子
E_F
光
正孔
n層
p層
短絡電流

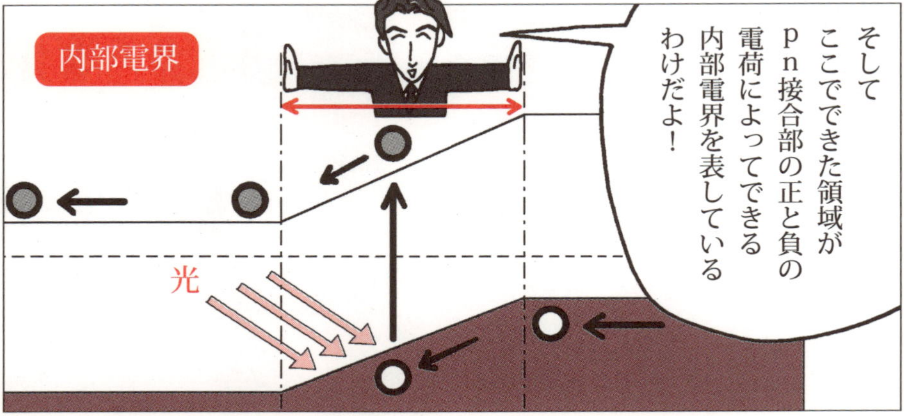
そして
ここでできた領域が
pn接合部の正と負の
電荷によってできる
内部電界を表している
わけだよ！
内部電界
光

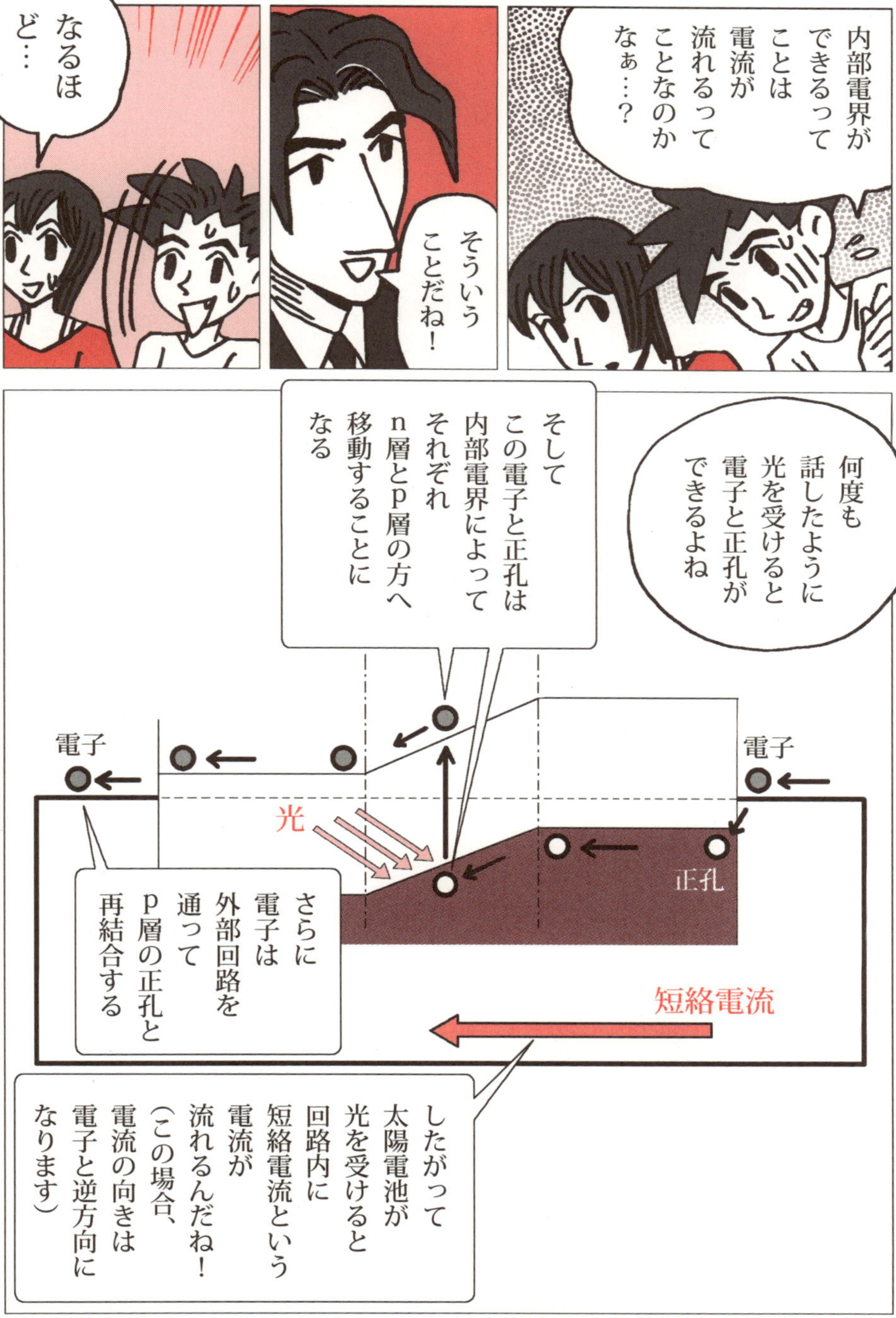
内部電界ができるってことは電流が流れるってことなのかなぁ…？
そういうことだね！
なるほど…
何度も話したように光を受けると電子と正孔ができるよね
そしてこの電子と正孔は内部電界によってそれぞれn層とp層の方へ移動することになる
電子
電子
光
正孔
さらに電子は外部回路を通ってp層の正孔と再結合する
短絡電流
したがって太陽電池が光を受けると回路内に短絡電流という電流が流れるんだね！（この場合、電流の向きは電子と逆方向になります）

野辺さん今のお話は外部回路でショートさせた場合ですよね
じゃあ外部回路をショートせず開放した状態だとどうなるんですか？
お！修平君良い質問だね！
ニコリ
つまりこのような状態だよね…
n層
p層
電子
正孔
この場合光を受けて生じた電子と正孔はそれぞれn層とp層に蓄積されるよ

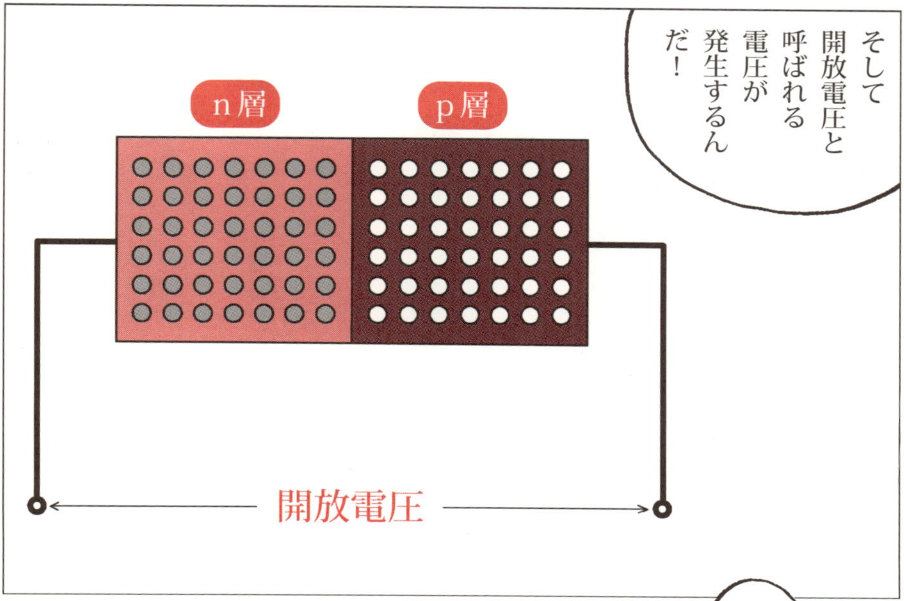
そして開放電圧と呼ばれる電圧が発生するんだ！
n層
p層
開放電圧

電圧！

たとえばどのくらいの電圧値が発生するんですか？
実は　pn層のフェルミレベルの差がそのまま開放電圧に相当するんだよ

じゃあフェルミレベルの差が大きければ　それだけ大きな電圧が発生するということですか？
そう！
そして太陽電池の開放電圧はだいたい　半導体のバンドギャップに比例するんだよ

バンドギャップ？
たしかバンドって帯…
ギャップって差という意味ですよね？
そうだね
てことはバンドギャップって…
もしかして価電子帯や伝導帯の差ってことですか？
そういうことだね！
なるほど…
そういうことか…！

たとえば半導体が絶縁体と異なるのは価電子帯と伝導帯の2つのバンドの間のエネルギー差が1～2eV程度と小さいことだけどこのエネルギー差がバンドギャップなんだよ
1～2eV…？
eV
？
バンドギャップの単位には電子ボルト〔eV〕を使うんだ
これはもともと一個の電子を1Vで加速したときのエネルギーの大きさなんだよ
さっき開放電圧はバンドギャップにほぼ比例すると言われましたけど…
そうだよ！
開放電圧はバンドギャップにほぼ比例します！

《バンドギャップと開放電圧の関係》

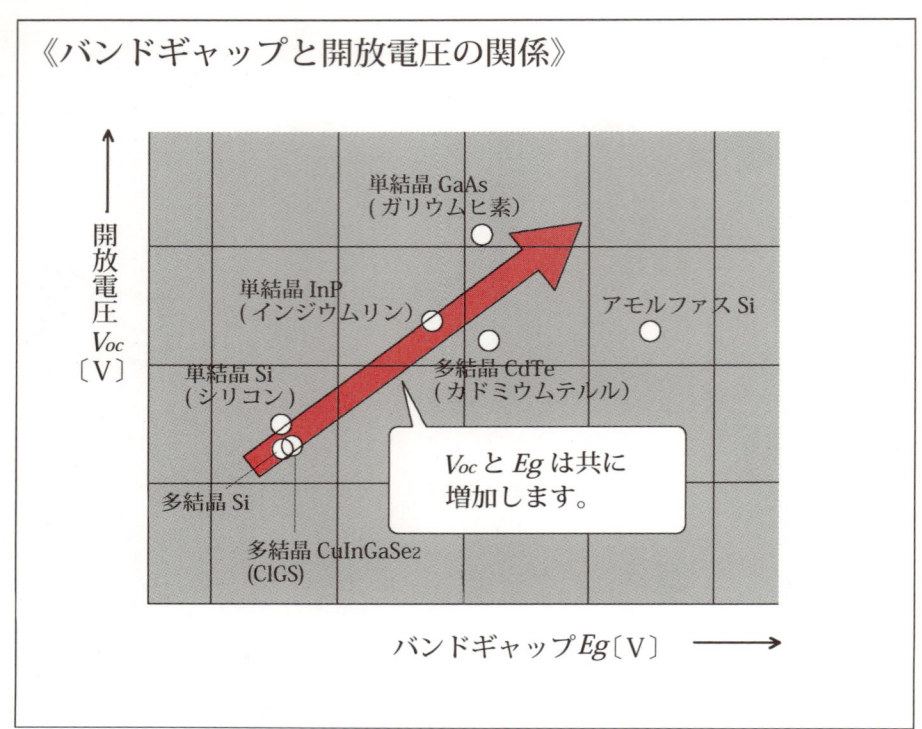

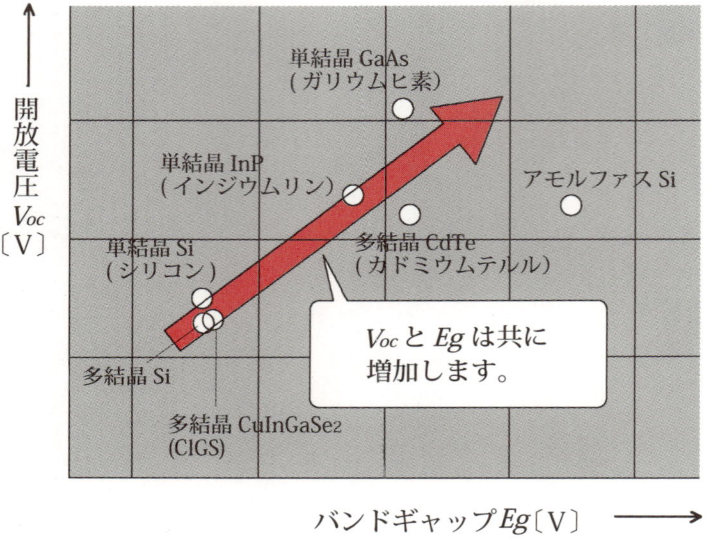
開放電圧 V_{oc}〔V〕
単結晶 GaAs
(ガリウムヒ素)
単結晶 InP
(インジウムリン)
アモルファス Si
単結晶 Si
(シリコン)
多結晶 CdTe
(カドミウムテルル)
V_{oc} と Eg は共に
増加します。
多結晶 Si
多結晶 $CuInGaSe_2$
(CIGS)
バンドギャップ Eg〔V〕

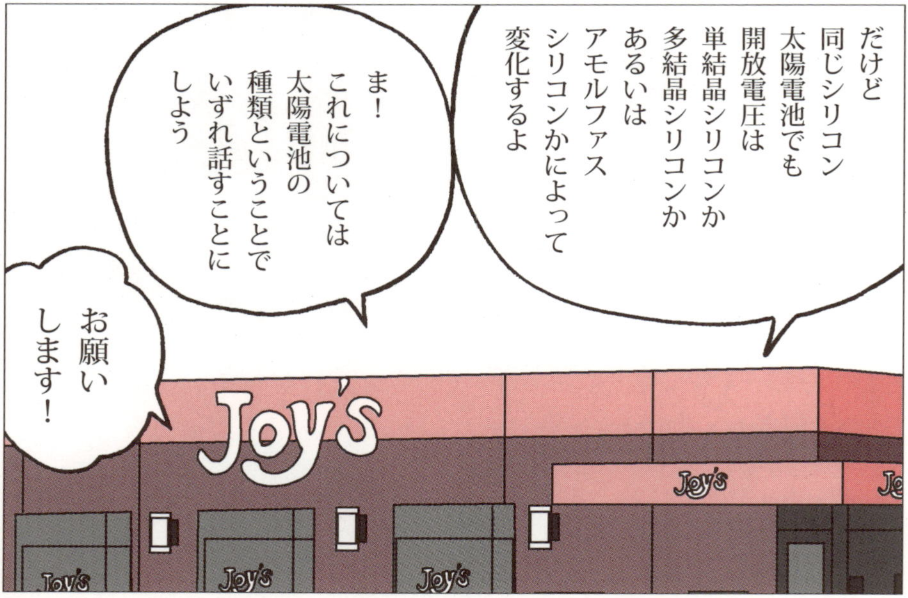
だけど同じシリコン太陽電池でも開放電圧は単結晶シリコンか多結晶シリコンかあるいはアモルファスシリコンかによって変化するよ
ま！これについては太陽電池の種類ということでいずれ話すことにしよう
お願いします！
Joy's
Joy's
Joy's
Joy's
Joy's

143
(3) 太陽電池の電流と電圧

いつのまにか雨が上がってる
ほんとだ…
野辺さん太陽電池はセルで受ける光の量が多ければ多いほど発生する電流が大きいと思うんですが…
つまりセルの面積が大きいと発生する電流も大きくなるんじゃないですか？
そうなんだよ
電流密度が一定ならセルでの受光面積が大きくなればそれに比例して電流値も大きくなるよ

電流密度？
太陽電池で発生する電流は電流値を太陽電池の受光面積で割った電流密度で表すことができるんだ

電流密度の単位は〔mA/cm^2〕で表します。たとえば、シリコン単結晶太陽電池の短絡電流密度は$J_{SC}=40\ mA/cm^2$ 程度です。ちなみに、10cm 角の太陽電池 1 個で約 4 A の電流が発生します。

開放電圧は半導体のバンドギャップとほぼ比例すると言いましたよね
ということはこの電流密度もバンドギャップと関係があるんじゃないですか？
そうだね
電圧がバンドギャップに関係しているのに電流だけ無関係ということはないよね
そうだと思います
だ…
だよね…

太陽電池の短絡電流密度はバンドギャップが小さいほど増加するんだよ
へ～
短絡電流密度 J_{sc}〔mA／cm²〕
J_{sc} は小さいE_gで増加します
バンドギャップE_g〔eV〕
あれ？どうかしたの？
う～ん
バンドギャップってエネルギーの差でしょ
つまり半導体より導体の方がバンドギャップは少ないわけだから当然 バンドギャップの小さいほうが電流が流れやすいってことじゃないの
ど どうして半導体より導体の方がバンドギャップが小さいんだ？
だって 導体は電気を通しやすいじゃない
あ！そーか！

雪絵さんよく理解してますね
いやー感心しました！
おまえすごいなぁ～
もしかしてわたし電気とか向いてるのかも
うふふ
絶対そうだよ
おまえ大学で電気勉強したらいいじゃんか
雪絵さんは基本的に頭の回転がいいのかも
え～
自分ではバカだと思ってたけど～
うん おれも雪絵はバカだと思ってた
わはは

う！
わたし 毎日毎日 あんたたち 陸上部員の タイムを 測っては記録し 練習メニューを 考えたり 記録の管理を やってるでしょ
だから 数字扱うのって 全然苦に なんないのよね
いたそ～
きっと そのおかげ かも…
じゃあ おれに 感謝しろよ な
ふんだ
いてぇ～
いずれにしても 雪絵さんは よく理解して いるね
あの～ ぼくは？
まぁ 悪くは ないよ
わたしの 話していることが 理解できているん だから 優秀なんで しょう…
もしかして 野辺さん… 親父に 気を使って 言っているん ですか？
まぁ 多少はね…

あの～ 話を戻して 申し訳ないの ですが…
これまで 外部回路を ショート させたり 開放させた 状態について 話されて ました よね？
そうだ ね…
外部回路には なにも 接続しないん ですか？
だよね …
でしょー…
どうなん ですか？

149
（3）太陽電池の電流と電圧

じつは太陽電池では外部回路に負荷を接続することで電流と電圧を同時に取り出しているんだよね
ふ～ん
そうなんだ…

チェックポイント

・フェルミレベルが、エネルギーバンドの中にあるか、あるいは2つとも異なるエネルギーバンドの間にあるのかによって、結晶の電気特性はまったく異なります。
・p層とn層を外部回路でショートさせると、p層とn層のフェルミレベルは一致します。
・回路をショートせず開放した状態では、光を受けて生じた電子と正孔は、それぞれn層とp層に蓄積され開放電圧が発生します。
・太陽電池の開放電圧は、およそ半導体のバンドギャップに比例します。
・同じシリコン太陽電池でも、単結晶シリコンか多結晶シリコンか、あるいはアモルファスシリコンかによって、開放電圧は変化します。
・電流密度が一定なら、セルでの受光面積が大きくなれば、それに比例して電流値も大きくなります。
・太陽電池の短絡電流密度は、バンドギャップが小さいほど増加します。
・外部回路に負荷を接続することで、電流と電圧を同時に取り出しています。

（4）太陽電池の性能と特性

野辺さん太陽電池にも良し悪しはあるんですか？
そうよね
もしかして光をいっぱい受けていてもわずかな電流しか流れない場合もあるのかも…
どうなんですか？
ようするに太陽電池の性能や効率性についての話だね
はい！
太陽電池の電流―電圧測定から性能や効率性は判断できるよ
この測定によって重要な特性である変換効率を求めることができるんだよ
そしてこの変換効率から太陽電池の良し悪しが判断できるんだ！

変換効率！

つまり太陽電池セルに当たる光エネルギーのうちどれだけ電気エネルギーに変換できるかという…
ようするに太陽電池の効率の良さを数値で表わしたのが変換効率というわけだよ

$$\text{変換効率〔\%〕} = \frac{\text{出力電気エネルギー}}{\text{入射する太陽光エネルギー}} \times 100$$

ということは太陽電池を評価するのに最も重要な数値といえますね
そうだね

つまりこの変換効率を求めるために電流―電圧測定を行うわけか…

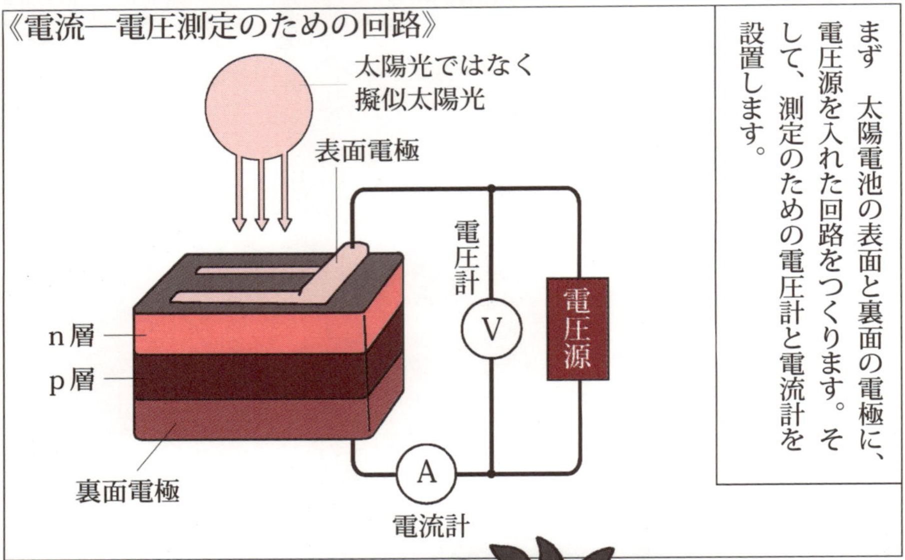
まず　太陽電池の表面と裏面の電極に、電圧源を入れた回路をつくります。そして、測定のための電圧計と電流計を設置します。
《電流―電圧測定のための回路》
太陽光ではなく
擬似太陽光
表面電極
電圧計
V
電圧源
n層
p層
裏面電極
A
電流計

じゃあ太陽電池に太陽の光を当てて実験を始めるんですね
いや！
太陽の光ではなく実際の測定では疑似太陽光を当てて測定するんだよ

▸153◂
（4）太陽電池の性能と特性

疑似太陽光ですか…？
ようするに太陽の光に似たニセモノの太陽光というわけだね
へえ～
そうした状態を設定して電圧源の電圧を換えながら電流値と電圧値を測定していくんだよ
通常の太陽電池測定には、強さ 0.1〔W/cm^2〕の疑似太陽光が使用されます。
擬似太陽光（ソーラーシミュレータ）には、キセノンランプなどが用いられます。このキセノンランプにはフィラメントがありません。
この測定に温度は関係ないんですか？
そうだね
温度によって測定結果が変わるからこの測定は標準条件つまり室温25℃で行われるんだよ

こうした測定で得た数値から太陽電池の電流―電圧特性をグラフで描くとこうなるよ…
《電流―電圧特性》
短絡電流I_{sc}
最適動作点
↑電流I〔A〕
開放電圧V_{oc}
電圧V〔V〕⟶
ほとんど四角形だね
そうね…
じゃあここで二人に質問だよ
ドキッ
な　なんですか?
このグラフを見ると電流値が0〔A〕の時の電圧が最高値になっているよね
はい…
ではこの電圧をなんて呼ぶと思う?
あの…
も　もしかして開放電圧じゃないですか…

▶155◀
(4) 太陽電池の性能と特性

だってpn接合された半導体のp層とn層を外部回路を開放した状態だと光を受けて生じた電子と正孔はそれぞれn層とp層に蓄積されるんですよね
それでもって開放電圧が発生するんでしょ…
ですよね？
いいよ修平君！
正解！
だってさっき教わったばかりですからね
えへへ
そうよね～
でもよく覚えていたと思う修平にしては…
かあぁ～一言余計なんだよお・ま・えはぁ～

じゃあ電圧が0〔V〕のときの電流はなんて呼ばれていると思う？
はい！短絡電流です！
正解！
ふたりともだいぶ理解が深まってきたようだね
ありがとうございます！
電力は電流と電圧を掛けると求められるよね
（電力）＝（電流）×（電圧）
はい！
ということは電流と電圧が最も大きな数値を示すところの電力が太陽電池の最大出力ということになる！
なるほど…
そうなりますよね！

そして太陽電池の変換効率はこの最大出力を入射光エネルギーで割った数値だから…
たとえば変換効率20%の太陽電池なら入射光エネルギーの20%が取り出せる電力ということになる

$$\text{変換効率〔\%〕} = \frac{\text{出力電気エネルギー}}{\text{入射する太陽光エネルギー}} \times 100$$

それじゃあ変換効率１００％なら入射光エネルギーのすべてが電力に変換できるということですね！
まぁ数値の上ではそうなるね…
数値の上で…ですか？
もしかすると変換効率が１００％になることはなかったりして…？
そのことについてはもう少し後に話すとしよう…

野辺さん太陽電池の特性はどんな半導体を使用するかによっても変わってくると思うんですが…
なるほどそうだよね
どうなんですか？
よく気が付いたね
たしかに使用する半導体材料のバンドギャップによって太陽電池特性は大きく変化するんだよ
やはり…
たとえば最も簡単な電子構造を持つ原子といえば何かな？
たぶん原子番号1番の水素だと思います

159
（4）太陽電池の性能と特性

あれ？水素って1番だっけ…？
元素の周期表ではそうなっているはずです
1 H 水素 1.008
そう水素だね
水素原子には原子核の周りに1個の電子が存在するよね
はは い…
はい！
そしてこの電子は一定の軌道上を周回する
では2個の水素原子が結合するとどうなるかな？
水素分子H_2になります！
H_2

そう そう
それは わかります…
あら？
それは…ってことは他は知らないってことかしら？
えへへ…
なんだよぉ いちいち指摘すんな～
水素原子は電子が1個だから2個の水素原子が結合して水素分子になると水素分子は2個の電子を共有して安定した結合が行われるよ
（水の単共有結合）
H・＋H・＋・O： → H：O：H
（水素分子）
H・＋・H → H：H
これを「共有結合」という
なんか化学の勉強みたいじゃん おれ 化学は苦手なんだよな～
修平 化学が苦手だったよね？
わかんなかったら教えてあげるね
はいはい お願いしますぅ～
か～ むかつくぅ～

野辺さん　今
安定した結合と
おっしゃいました
けど
どう安定して
いるんですか？
結合した水素分子では
水素原子の電子の軌道が
2個の電子が
水素原子のエネルギーよりも低い
結合性軌道に入ることで
エネルギー的に安定しているんだよ

《水素分子の電子軌道》

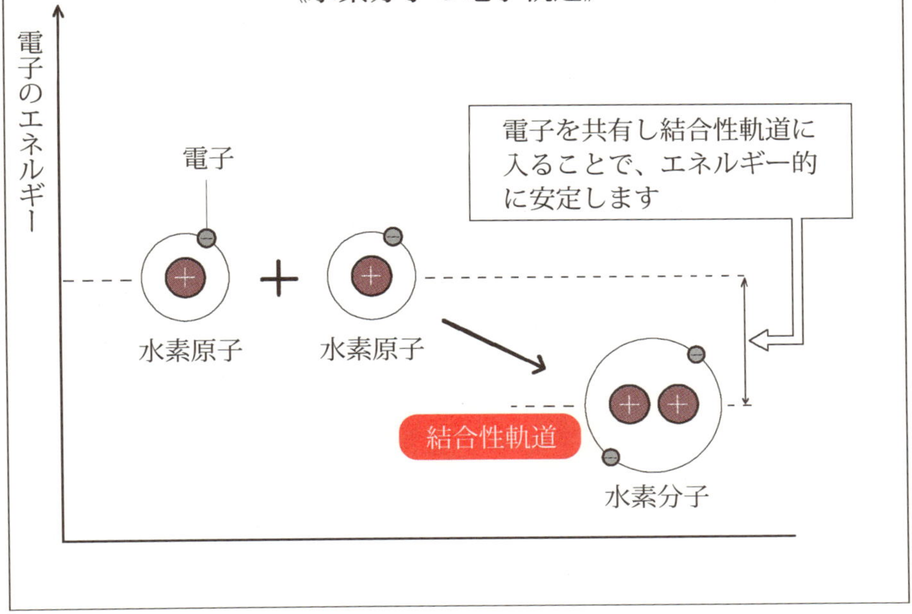
電子のエネルギー
電子
水素原子
＋
水素原子
電子を共有し結合性軌道に入ることで、エネルギー的に安定します
結合性軌道
水素分子

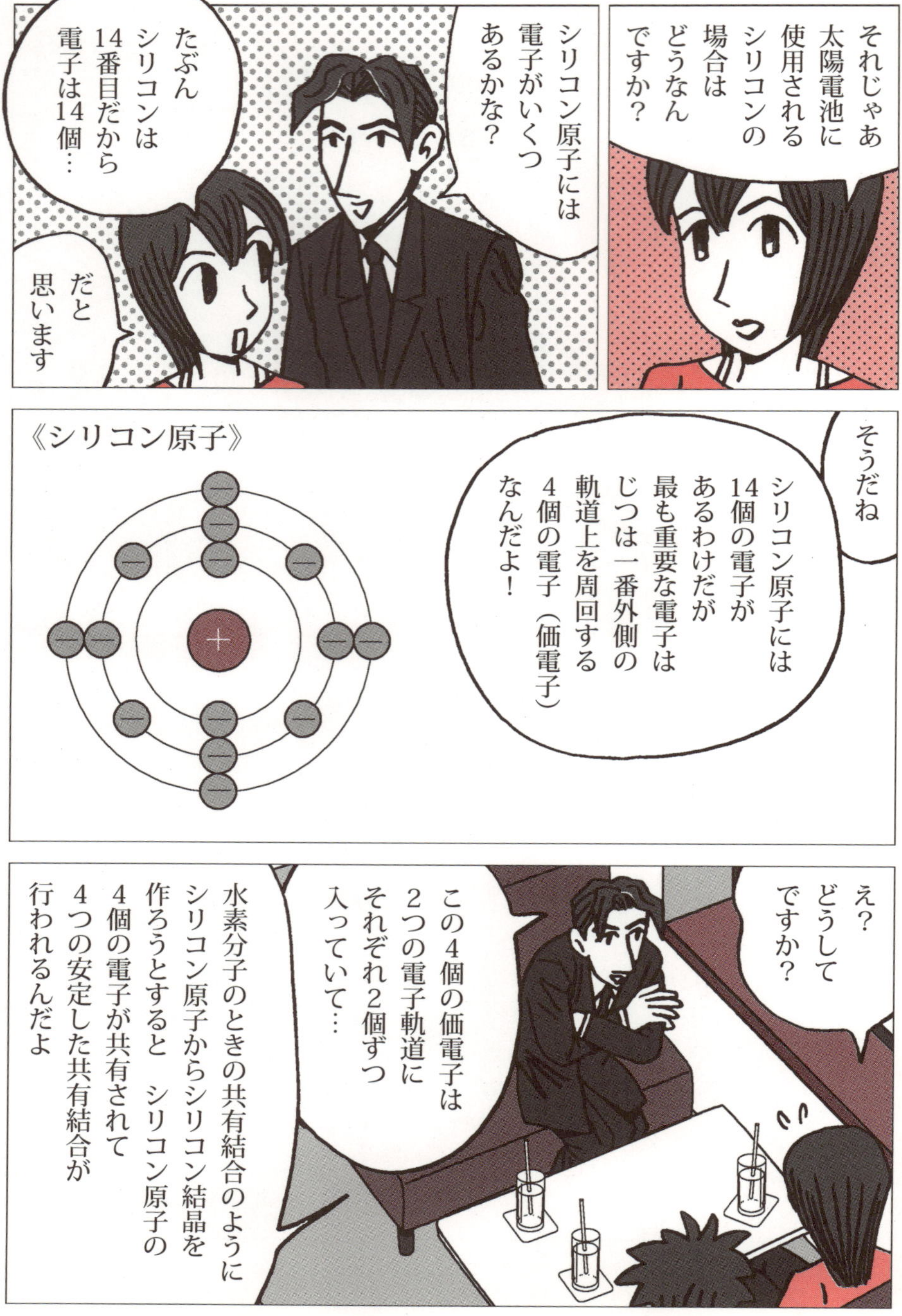
それじゃあ太陽電池に使用されるシリコンの場合はどうなんですか？
シリコン原子には電子がいくつあるかな？
たぶんシリコンは14番目だから電子は14個…
だと思います
そうだね
シリコン原子には14個の電子があるわけだが最も重要な電子はじつは一番外側の軌道上を周回する4個の電子（価電子）なんだよ！
《シリコン原子》
え？どうしてですか？
この4個の価電子は2つの電子軌道にそれぞれ2個ずつ入っていて…
水素分子のときの共有結合のようにシリコン原子からシリコン結晶を作ろうとすると4個の電子が共有されて　シリコン原子の4つの安定した共有結合が行われるんだよ

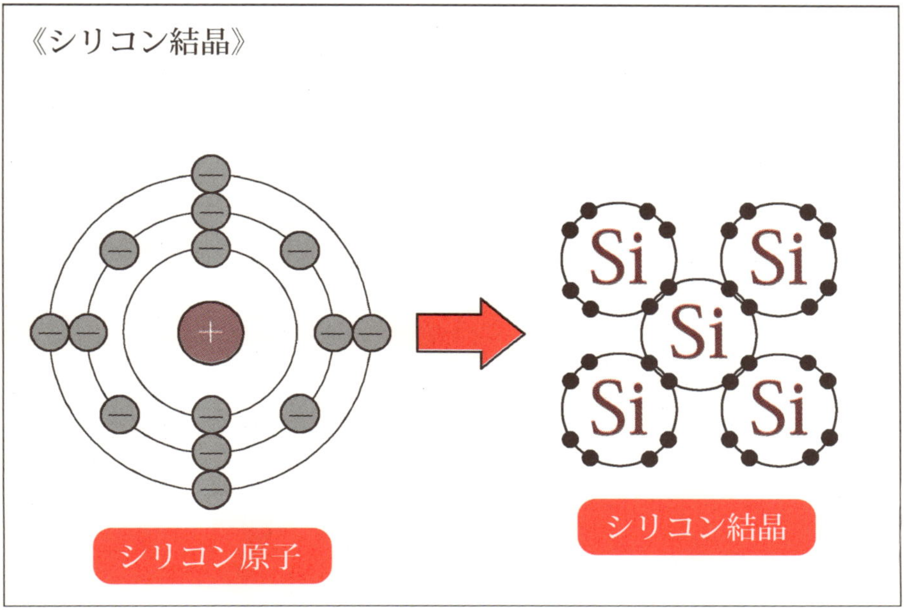
《シリコン結晶》
シリコン原子
Si
Si
Si
Si
Si
シリコン結晶

つまりシリコン原子の外側の軌道上の4個の電子を共有して安定したシリコン結晶を形成しているということですね
そういうことです！

たしか半導体材料のバンドギャップによって太陽電池特性は大きく変化するということだったけど一向にバンドギャップの話が出ませんが…
修平ってせっかちね～
うんちょうど今から話すところだったんだよ

半導体ではものすごくたくさんの原子が電子を共有することになるよね
はい…
そのためにそれぞれの軌道が重なりあって帯　つまりバンドが形成されるんだよ
そして価電子帯　禁制帯　伝導帯ができるわけだ！
なるほど！
ところで水素原子が結合した水素分子では水素原子の電子の軌道結合性軌道と反結合性軌道に分裂して2個の電子が水素原子のエネルギーよりも低い結合性軌道に入ることで安定していた
そして半導体の場合には水素分子の電子の状態と比較すると価電子帯と伝導帯はそれぞれが結合性軌道と反結合性軌道に相当するんだよ
電子のエネルギー
反結合性軌道
半導体の伝導帯に相当します
電子
電子軌道
結合性軌道
半導体の価電子帯に相当します

つまり半導体のバンドギャップは価電子帯と伝導帯の間にある禁制帯の幅に相当するということだね
やっとバンドギャップが出てきたぞ…
それって水素分子でいえばどういうことですか?
つまり半導体のバンドギャップは…
結合性軌道
反結合性軌道
水素分子では結合性軌道と反結合性軌道が分裂している幅に相当するわけだね
だめだわかんない…
う～ん…
ちょっと難しかったかな…
じゃあ…
バンドギャップは半導体のシリコン原子がお互いの電子を共有することでできるわけですか?
お!

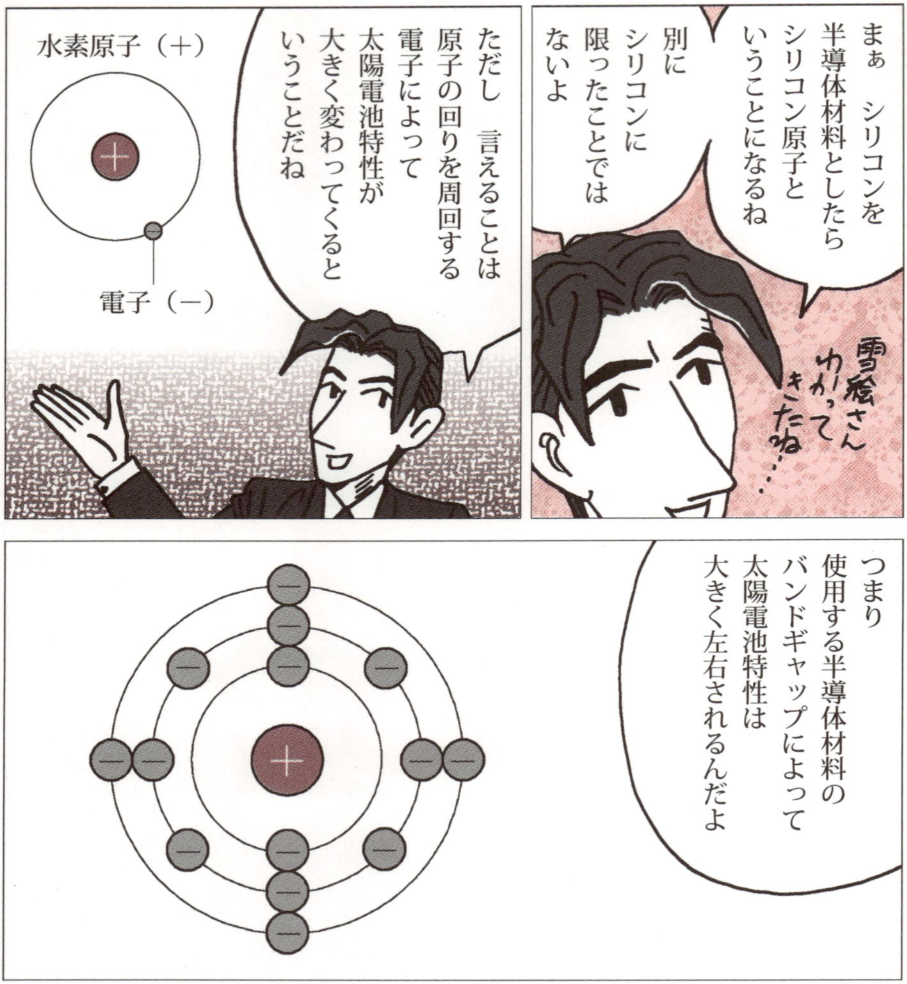
まぁ　シリコンを半導体材料としたらシリコン原子ということになるね
別にシリコンに限ったことではないよ
雪絵さんわかってきたね……
ただし　言えることは原子の回りを周回する電子によって太陽電池特性が大きく変わってくるということだね
水素原子（＋）
電子（－）
つまり使用する半導体材料のバンドギャップによって太陽電池特性は大きく左右されるんだよ

チェックポイント

・変換効率は太陽電池の効率の良さを表わしています。
・使用する半導体材料のバンドギャップによって、太陽電池特性は大きく変化します。
・シリコン原子の外側の軌道上の４個の電子を共有して、安定したシリコン結晶を形成しています。
・半導体のバンドギャップは、価電子帯と伝導帯の間にある禁制帯の幅に相当します。

（5）太陽電池の限界効率

Joy's
ふたりとも なにか 飲み物でも 頼んだら
じゃあ わたしは パフェを お願い します
ぼくは また アイス コーヒーを！
へー 修平君は コーヒー党 だね
パフェ なんて 子どもっ ぽくて 飲めません よね
パフェの どこが 子ども なのよ
わはは
修平こそ とっちゃん 坊やの くせにぃ
と とっちゃん 坊や～
ふん

まぁ１００％完璧な人間なんていないわけだから…
修平に１００％なんて望んでいませんので…
こっちこそ…
１００％…！
野辺さん
ところで太陽電池って変換効率１００％なんですか？
いや変換効率１００％というのはかなり難しいね～
あれ…
半導体セルで受けた光のエネルギーをすべて電力に変換できれば変換効率１００％ですよね？
うんそうなるね…

169
（5）太陽電池の限界効率

だったら100%なんてとても無理だと思うなぁ
どうしてそんなことが言えるのよぉ！
ぼくと同じで100%の完璧さを求めるなんて無理無理
だって人間のやることじゃん
修平なんかと一緒にしないでよ
あんだよぉ～
なによ～
まあまあまあふたりとも落ち着いて
これはものすごく大事なことなんだからね！
あた～
すみませ～ん
たしかに　理想は変換効率100%だけど現在製造されている太陽電池で最も高い変換効率でもわずか25%くらいだと言われているんだよ
25%！
そそんなに低いんですか？

うん
シリコンの単結晶とガリウムヒ素の単結晶の太陽電池だけど25％が限度だね
変換効率25％
じゃあ変換効率100％の太陽電池は作れないんですか？
う〜ん極めて困難だね…
そ　それなら…
どのくらいの変換効率なら可能なんですか？

171
(5) 太陽電池の限界効率

理論的な変換効率の限界は半導体のバンドギャップで決まるんだよ！
バンドギャップ！
またバンドギャップですか！

変換効率の理論的な限界値を「理論限界効率」といいます。

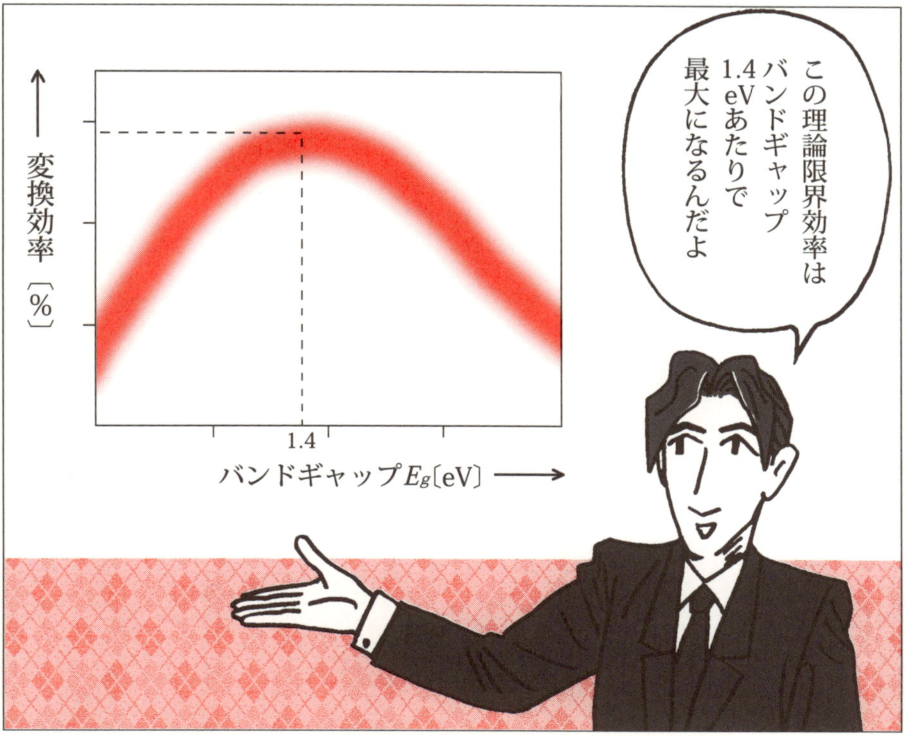

この理論限界効率はバンドギャップ1.4 eVあたりで最大になるんだよ
変換効率〔%〕
1.4
バンドギャップE_g〔eV〕

でも
どうして
バンドギャップ
1.4 eVあたりで
最大
なんですか？
うんうん
以前
バンドギャップと
開放電圧や
短絡電流密度との
関係について
話してあるけど
覚えている？
たしか
開放電圧は
半導体の
バンドギャップと
ほぼ比例すると…
うへ～
よく覚えてる
なぁ～
太陽電池の
短絡電流密度は
バンドギャップが
小さいほど増加すると
聞きましたけど…
修平君
それで
いいかい？
は
はい…
そうだね
雪絵さんの
言うように
バンドギャップが
小さいときには
光の吸収が
広い波長範囲で
起こるので
短絡電流密度が
増加するね

ところが 開放電圧は フェルミレベルの差が 小さくなるので 減少するんだよ
バンドギャップが小さい
短絡電流密度が増加
開放電圧が減少
なるほど…
じゃあ 逆に バンドギャップが 大きいと どうなるかな？
バンドギャップが 小さい場合の 逆だと思うので…
たぶん 開放電圧が増加して 短絡電流が減少すると 思います
そうだね
光の吸収が 小さくなる わけだからね

そして両者のバランスから変換効率はバンドギャップ1.4 eVあたりで最大値を示すんだよ！
変換効率〔%〕
1.4
バンドギャップE_g〔eV〕
ふ〜ん
野辺さん太陽電池の変換効率を下げている要因は何ですか？
だよね
変換効率80%ならわからないでもないけど高くて25%というのはどうしてですか？
まぁ様々な要因があるよね…
なんといっても光の反射と透過…それと入射光エネルギーの損失が一番の要因だろうね！
なんとなくわかります…
そうね…

175
（5）太陽電池の限界効率

この要因だけで理論限界効率を70％くらい下げてしまうよ
そんなにぃ！
じゃあ入射する光エネルギーの70％は利用できないってことですよね
太陽電池はバンドギャップ以下の光エネルギーを吸収できないから…
どんなに光のエネルギーが高くてもバンドギャップに相当するエネルギーだけしか電気に変換できないんだよ
入射する光エネルギーの70％は利用不可！
だから変換効率が低いのね…

なにか対策はないんですか？
現段階では光エネルギーの損失はいかんともしがたいけど何もしていないわけではないんだよ
たとえば光の反射対策として太陽電池の受光面に反射防止膜を張っているしね…
反射防止膜？
ＡＧＣと呼ばれる膜で太陽電池の表面で太陽光が反射するのを低減してくれるんだよ

反射防止膜（ＡＧＣ）
電極
n型シリコン
p型シリコン
電極

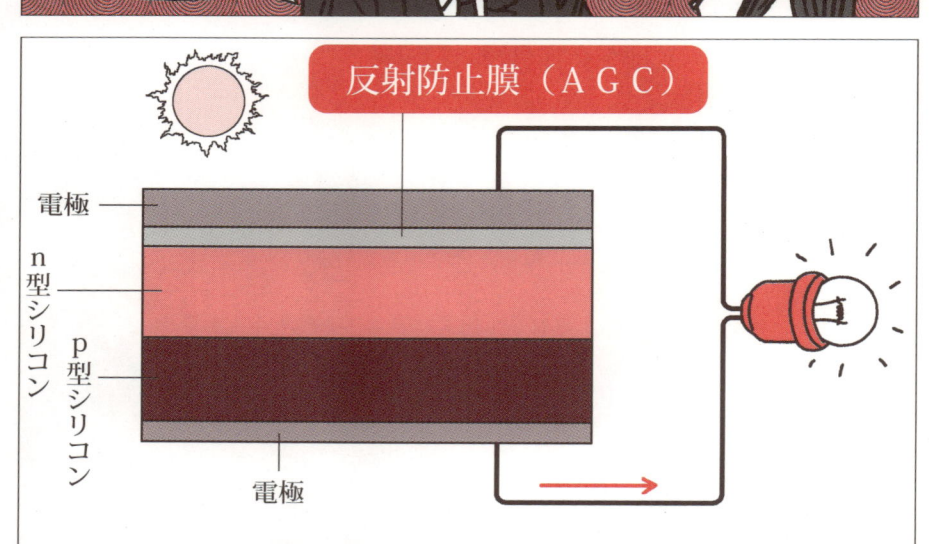

反射防止膜には、適当な屈折率の材料の膜を使用して、太陽光の反射を低減させます。結晶シリコンに対しては、誘電率２前後の材料として、SiO_2、TiO_2、Si_3N_4 などが利用されています。

177

（5）太陽電池の限界効率

さらに太陽電池セルの表面をテクスチャ構造と呼ばれる微細構造に加工したりしているね
テクスチャ構造ですか？
なんですかそれ？
わからん・・・
表面を細かなデコボコ型に加工して当たった光を乱反射させるんだよ
乱反射させてどうするんですか？
光を乱反射させるとある面で反射した光を他の面で受けることができるよね

なるほど！
それなら反射による光のロスを少なくすることができますよね！
そーか！
へ～よく考えたもんだなぁ…
他にもまだ変換効率を下げている要因はありますか？
他には半導体内の欠陥だろーね
たしかに欠陥があったら効率が悪くなりますよね…
うん半導体は太陽電池の生命線だもんね…
半導体内に欠陥があると電子と正孔はそこで再結合してしまうので変換効率が低下してしまうんだよ
半導体に欠陥
変換効率の低下

179
（5）太陽電池の限界効率

それと シリコン材料や 電極部などに 電気抵抗があるために 発生した電気を すべて取り出すことが できない ということも 考えられるかな…
他にも 様々な 要因があって 変換効率を 低下させて いるんだよ
もちろん 様々な対策を 講じては いるけどね…

なるほど 変換効率100％は とても無理だと いうことが よくわかり ました
まぁ 将来的には 少しずつ改善されると 思うんだけど 現段階では極めて 困難であるとしか 言えないね…

Joy's

P チェックポイント

・理論的な変換効率の限界は、半導体のバンドギャップで決まります。
・太陽電池の変換効率を下げる一番の原因は、光の反射と透過、それと入射光エネルギーの損失です。
・半導体内に欠陥があると、電子と正孔が再結合し変換効率が低下します。

第三章 太陽電池の種類

(1)太陽電池用半導体材料による分類

…変換効率25%は少なすぎるよな～
そうね
せめて50%くらいは欲しいわよね～
光エネルギーのロス要因を少しずつ改善していけばそのうち変換効率もあがるんじゃねーの
そしたら太陽電池が世界中に普及してほとんどのエネルギーが太陽電池に代わるかもね…
そうなったら電気代なんていらなくなるぜ～
そうよね～

おい
加納!
今 電気代が
タダとか
言ってたけど
太陽電池って
そんなに
スゲーのか?
ええ まぁ
近い将来の
話ですけど…
太陽電池の
変換効率が改善され
いずれ効率の良い
太陽電池ができたら
現在の
原油に頼った
エネルギー政策が
大きく転換すると
いう話です
じ じゃあ
電気代が
タダに
なるのか?
タダというか
基本的に
自宅の
太陽光発電システムで
作った電気代は
タダですよね
ただし
欠点があって
蓄電できないから
夜間は
従来の電力を
使うしか
ないんですよ
……

でも
蓄電の設備を
開発して
いけば…
おそらく
将来的には
一日中
電気代がタダになる
時代
きっと来ると
思いますよ
加納！
本当だな？
マジで
電気代
タダの時代が
くるんだな？
た
たぶん～
ふふふ
そうかぁ
太陽電池って
そんなに
すごいもの
だったのか…

▶183◀
（1）太陽電池用半導体材料による分類

これまでに太陽電池の構造的な話は一通りしてきたのでここからは太陽電池の種類について話していくね
お願いします！
そういえば野辺さんは以前太陽電池の種類についてはいずれ話すとおっしゃっていましたよね
そうだったね
やっとここまで進んできたわけね…
まず太陽電池に用いられる半導体材料の分類から話すよ！
はい！

《太陽電池を半導体材料で分類》
シリコン系太陽電池
化合物半導体太陽電池
有機半導体太陽電池
湿式太陽電池
太陽電池を半導体材料で分類すると大きく4つに分けられるよ
たしかシリコンは価格が安いんでしたよね
そうだよ
シリコンは資源的にも豊富だし価格や安全性からみても太陽電池に適した材料と言えるだろうね
低価格というのは普及するための最大の要因だよね
同感！

185
（1）太陽電池用半導体材料による分類

シリコン材料は製造法や結晶などの特徴からこのように3種類に分類できるよ

《シリコン材料の分類》

- 単結晶シリコン
- 多結晶シリコン
- アモルファス（非結晶）シリコン

同様に化合物半導体太陽電池や有機半導体太陽電池湿式太陽電池もさらにこのように分類できるんだよ

シリコン系太陽電池

単結晶 Si（バルク結晶）

多結晶 Si（バルク結晶または薄膜）

水素化アモルファス Si（薄膜）

化合物半導体太陽電池

Ⅲ－Ⅴ族化合物半導体…GaAs、InP（エピタキシャル膜）

Ⅱ－Ⅵ族化合物半導体…CdTe/CdS、Cu_2S/CdS（薄膜）

カルコパイライト系半導体…$CuInSe_2$、$CuIn_{1-X}Ga_XSe_2$、$CuInS_2$（薄膜）

有機半導体太陽電池

ペンタセン、フタロシアニン、メロシアニン等

湿式太陽電池

色素増感型（TiO_2/Ru 化合物色素 /I^-/I^{3-} 溶液）

n-Si/ ジメチルフェロセン溶液等

それじゃあ太陽電池について分類ごとに紹介していくよ

はい！
お願いします！

チェックポイント

・太陽電池は、シリコン系太陽電池・化合物半導体太陽電池・有機半導体太陽電池・湿式太陽電池に分類できます。
・シリコン材料は、単結晶シリコン、多結晶シリコン、アモルファスシリコンの３種類に分類できます。

187
（2）シリコン系太陽電池

（2）シリコン系太陽電池
単結晶シリコン太陽電池
数ある太陽電池の中で最も歴史のある太陽電池は単結晶シリコン太陽電池だよ
単結晶シリコンインゴットと呼ばれる巨大なひとつの結晶からウェハといって薄板を切り出して使用するんだよ

普通インゴットといえば金のインゴットだよね
《単結晶シリコンインゴットの作り方》
単結晶引き上げ
単結晶シリコンインゴット
シリコンウェハ
単結晶シリコンインゴット
うん金の延べ棒だよね
だけどこの場合は違うみたいよ…

このインゴットは シリコンを 高温で溶かして 流し込んだ ものだよ
単結晶シリコン インゴット
スライス状に するんですね
単結晶であるということは シリコン原子が 規則正しく並んで 安定した状態なので シリコン材料の能力を 最大限に 発揮できるんだよ
Si Si Si Si Si Si Si
Si Si Si Si Si Si Si
Si Si Si Si Si Si Si
Si Si Si Si Si Si Si
Si Si Si Si Si Si Si
Si Si Si Si Si Si Si
Si Si Si Si Si Si Si
ということは この単結晶シリコンを用いた 太陽電池の変換効率は かなり良いと考えても いいですか?
そうだよ 太陽電池の中では もっとも効率的と いえるだろうね!
しかも このシリコン材料は 安く買えるんでしょ
いいこと ですよね

ところが　純度の高い単結晶シリコンウェハは高価なんだよね
え～そうなんですか～
やだシリコンてみんな安いもんだと思っていたわ
太陽光発電のコストダウンのためにはまず　この高純度な単結晶シリコンウェハ自体のコストダウンが必要条件だろうね
そうですね…
ただし…
太陽光発電には高純度の単結晶シリコンウェハを使うけど　一般的にはそれほど高純度の単結晶シリコンウェハを使う必要性がないんだ

太陽電池に用いられる単結晶シリコンウェハは、ＩＣ用のシリコンほど高純度でなくても十分です。

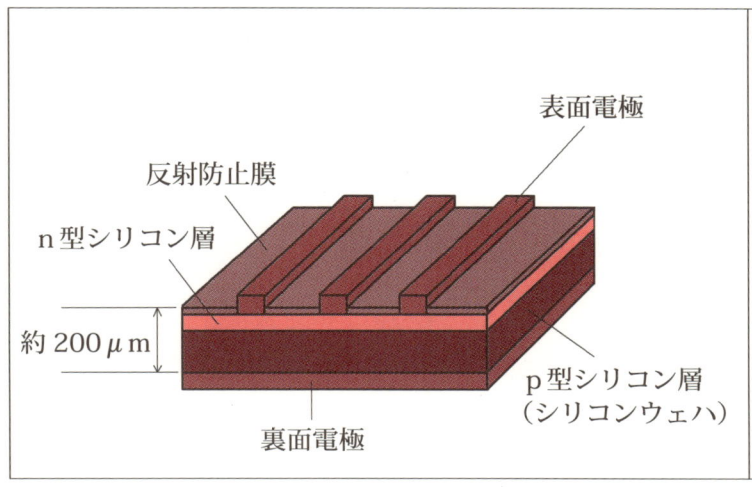

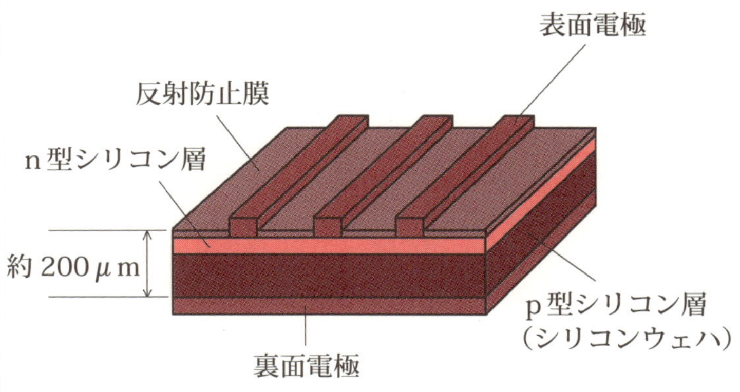
表面電極
反射防止膜
n 型シリコン層
約 200 μm
p 型シリコン層
（シリコンウェハ）
裏面電極

だから
太陽電池には
ソーラーグレードシリコン
といって　高純度の
単結晶シリコンより
安価な材料が
用いられて
いるんだよ
SOG
ソーラー
グレード
シリコン
ただし
単結晶シリコン
太陽電池でも
結晶に不純物や
欠陥があると
品質は
悪くなるよ
つまり
変換効率が
下がると
いうこと
ですね
そういう
こと！

チェックポイント

・単結晶シリコンは、シリコン原子が規則正しく並んだ安定した状態なので、シリコン材料の能力を最大限に発揮できます。

・単結晶シリコンを用いた太陽電池の変換効率は、太陽電池の中では最も高いです。

・太陽電池には、高純度の単結晶シリコンより安価な材料が用いられています。

・結晶に不純物や欠陥があると品質が低下し、変換効率が下がります。

多結晶シリコン太陽電池
多結晶シリコン太陽電池は単結晶シリコン太陽電池とどう違うんですか?
単結晶シリコン太陽電池はセルがひとつの結晶からできているけど多結晶シリコン太陽電池はセルが複数の結晶粒に分かれているんだよ
複数の結晶粒…?
つまり単結晶は単体で一粒 多結晶は複数の粒からできていると考えたらいい
なるほどそういうことですか!
単結晶シリコン太陽電池はたしかに変換効率が良く信頼性も高い
しかしそれほど価格は安くないし大量生産がなかなか難しいという問題がある
そこでシリコンウェハを作るための結晶シリコンインゴットを別の方法で製造しているんだよ

そのために多結晶シリコンを使うんですね！
じゃあ　複数の粒が小さくて安価なシリコンを単結晶シリコンインゴットを作るように　溶融炉で溶かして多結晶シリコンインゴットを作るんですか？
うん
《多結晶シリコンインゴットの作り方》
シリコン溶融炉
多結晶シリコンインゴット
多結晶シリコンインゴット
シリコンウェハ
そして多結晶シリコンインゴットをスライスして多結晶シリコンウェハを作るんだよ
この製造方法は、キャスト法と呼ばれています。
こうしたことで価格を下げ…
さらに量産化できるようになったんだ！

193
(2) シリコン系太陽電池

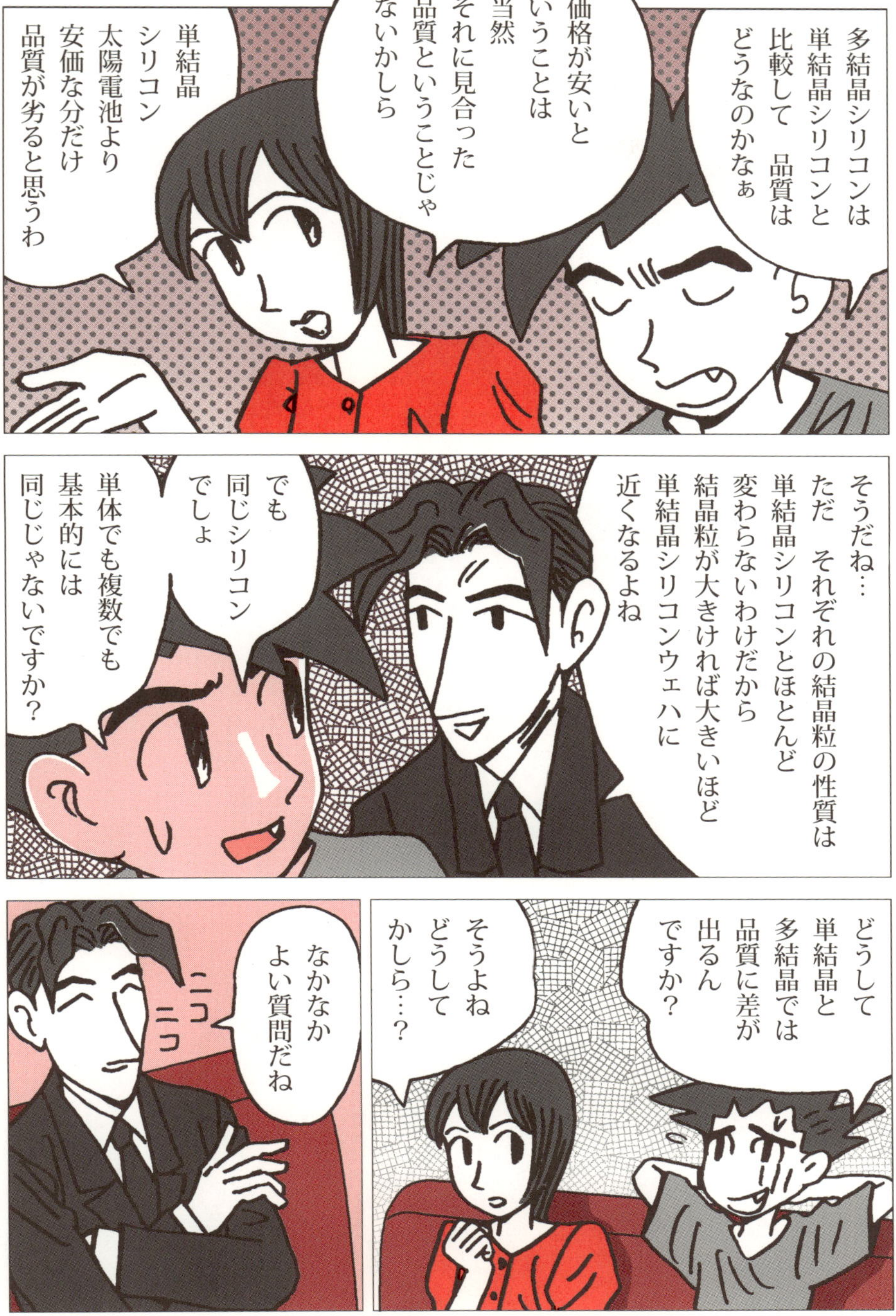

多結晶シリコンは単結晶シリコンと比較して　品質はどうなのかなぁ
価格が安いということは当然それに見合った品質ということじゃないかしら
単結晶シリコン太陽電池より安価な分だけ品質が劣ると思うわ
そうだね…ただ　それぞれの結晶粒の性質は単結晶シリコンとほとんど変わらないわけだから結晶粒が大きければ大きいほど単結晶シリコンウェハに近くなるよね
でも同じシリコンでしょ
単体でも複数でも基本的には同じじゃないですか？
どうして単結晶と多結晶では品質に差が出るんですか？
そうよねどうしてかしら…？
なかなかよい質問だね
ニコニコ

多結晶ということは
複数の結晶シリコンが
結合しているということだよね？
はい…
ところが
いくら溶融して
多結晶シリコンインゴットを
作っても
シリコン原子同士の結合は
完全ではないんだよ

多結晶シリコンインゴットの各シリコン単結晶粒の境目には、「粒界」があります。そのために、シリコン原子同士の結合が、部分的に不完全になっています。

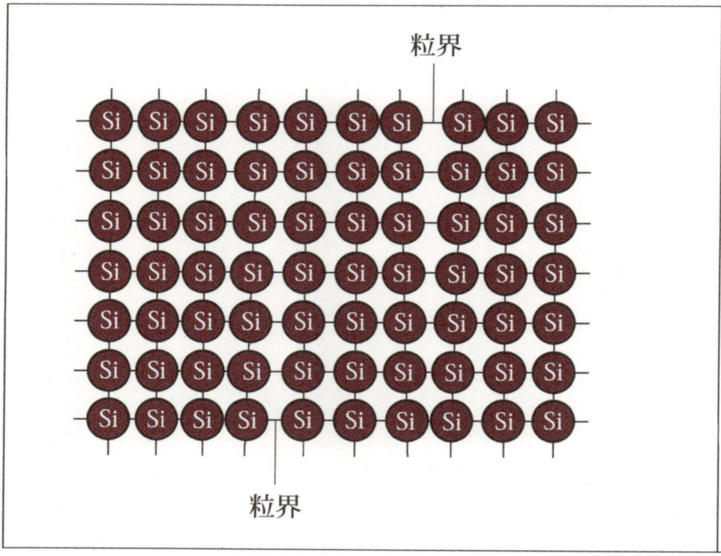
粒界
粒界

じゃあ
不完全な結合部分が
あるということ
ですか？
そういう
ことに
なるね
つまり
構造的な欠陥
ですよね！
うん

なるほど
そうしたことが
原因で
変換効率を
下げているん
ですね
だから
単結晶と多結晶で
品質の差が
できるのか…

しかも　製造方法によって
使用するシリコンの粒の大きさや
結晶の品質が変わるから　当然
それを使用する太陽電池の性能も
一様ではなくなるよ
ふ〜ん
でも　低価格で大量生産
できるわけだし
太陽電池の形態によって
使用する多結晶シリコンの
品質を合わせたら
いいわよね
そうか…

P チェックポイント

・単結晶シリコン太陽電池はセルがひとつの結晶からできていますが、多結晶シリコン太陽電池は、セルが複数の結晶粒に分かれています。

・単結晶シリコン太陽電池より安価な分だけ、品質が劣ります。

・複数の結晶シリコンを溶融して多結晶シリコンインゴットを作っても、シリコン原子同士の結合は完全ではありません。

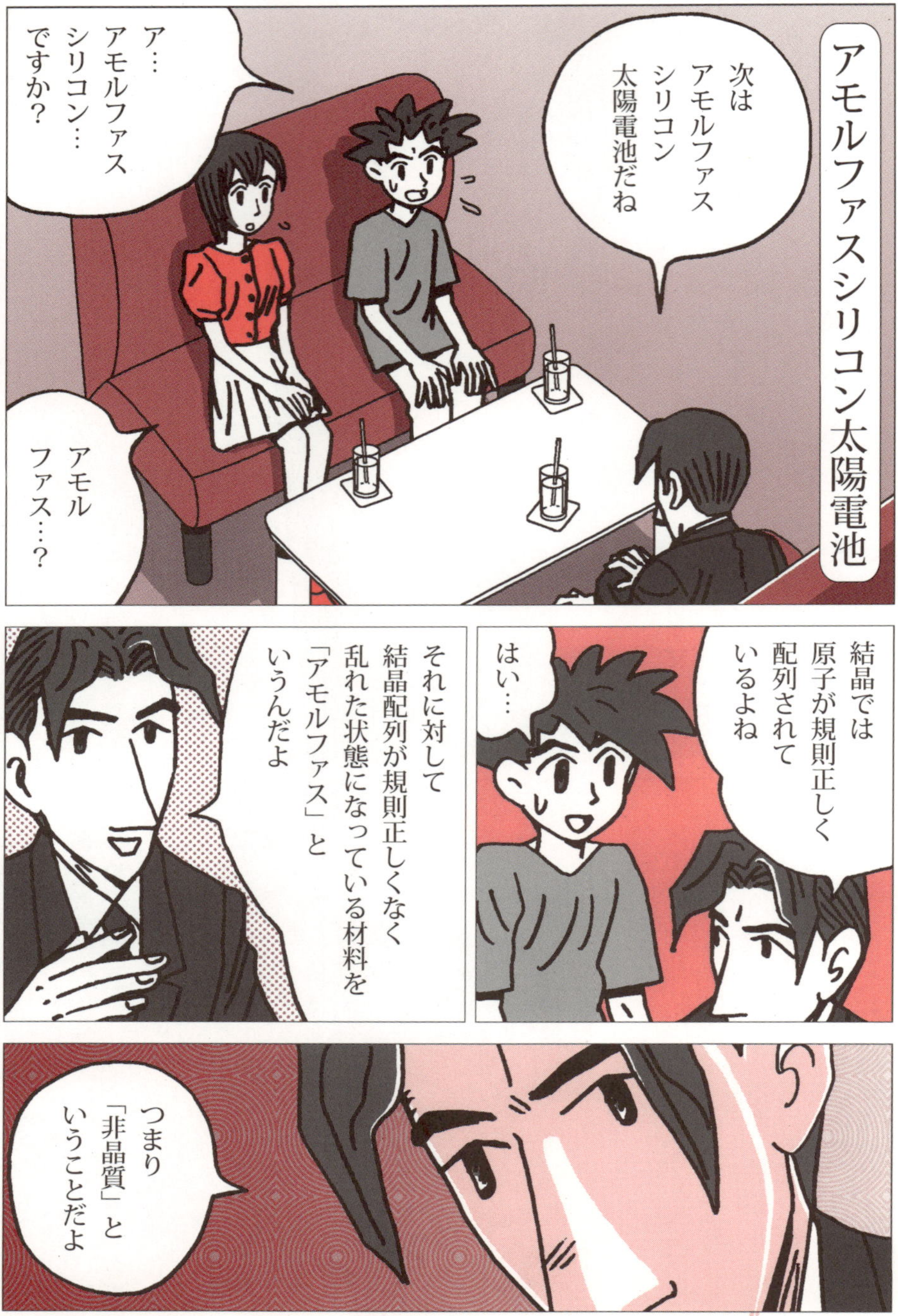
アモルファスシリコン太陽電池
次はアモルファスシリコン太陽電池だね
ア…アモルファスシリコン…ですか？
アモルファス…？
結晶では原子が規則正しく配列されているよね
はい…
それに対して結晶配列が規則正しくなく乱れた状態になっている材料を「アモルファス」というんだよ
つまり「非晶質」ということだよ

結晶が規則正しく配列されていなくても性質は　単結晶などと同じなんですか？
いや
電気的な性質や光学的な性質は結晶シリコンとはだいぶ違うよ
へえ～
太陽光発電の多くは単結晶シリコン太陽電池や多結晶シリコン太陽電池を使っているけど…
実際に発電に使われる部分はシリコンの表面近くの一部分だけなんだよ
ということは…
それほど厚さは必要ないということですね！

たしかにシリコンを薄くすれば資源の節約になるしコストを下げることもできますよね
そういうことで薄いシリコンインゴットを作る方法を考えたんだね
じゃあ溶融して作ったシリコンインゴットから極端に薄いウェハをスライスして使うんですね
いやそうじゃないんだよ
え？
まったく別の方法でアモルファスシリコンを作るんだよ
ど どうやって作るんですか？
基板上にできた薄いシリコンの膜を使って発電するわけだけど…
どうやって薄いシリコンの膜を作るかというとだね…

《アモルファスシリコンの作り方》

まず、シランなどのガスをグロー放電などで分解し、化学反応を起こさせます。そして、化学反応で得た水素化アモルファスシリコンを、基板上に薄い膜として堆積させます。

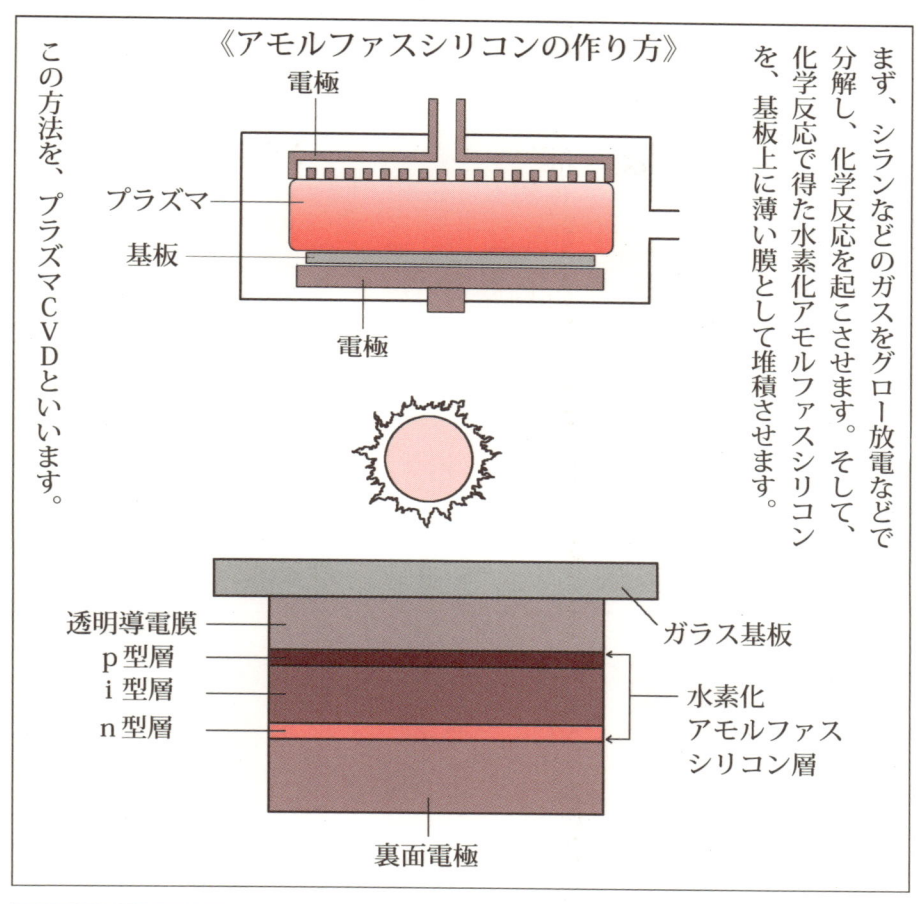

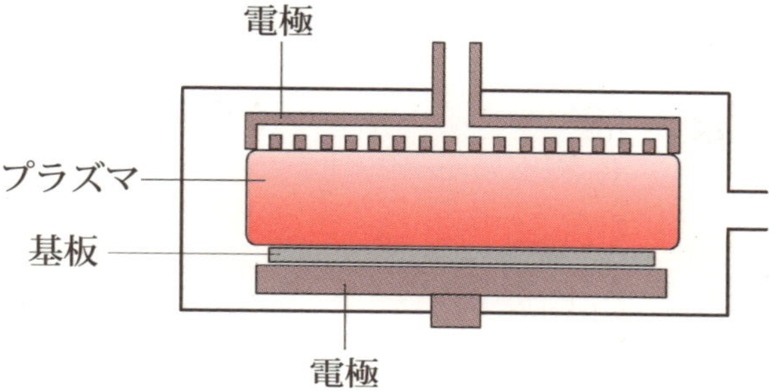
電極
プラズマ
基板
電極

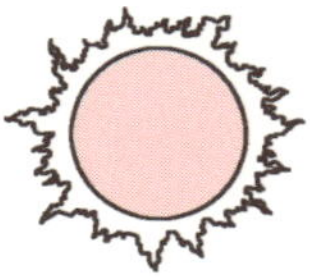

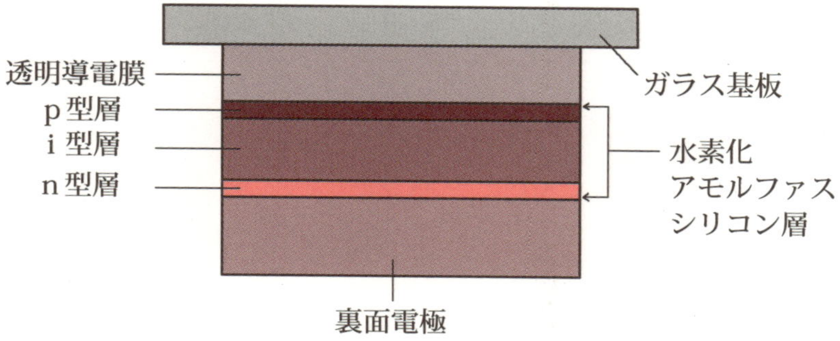
透明導電膜
p型層
i型層
n型層
ガラス基板
水素化
アモルファス
シリコン層
裏面電極

この方法を、プラズマCVDといいます。

へ〜
単結晶や多結晶とは
随分違うんだ
でも
アモルファス
シリコンではなくて
どうして
水素化アモルファス
シリコンなんですか?

そ
そうだ
よね…
野辺さん
どうして
ですか?

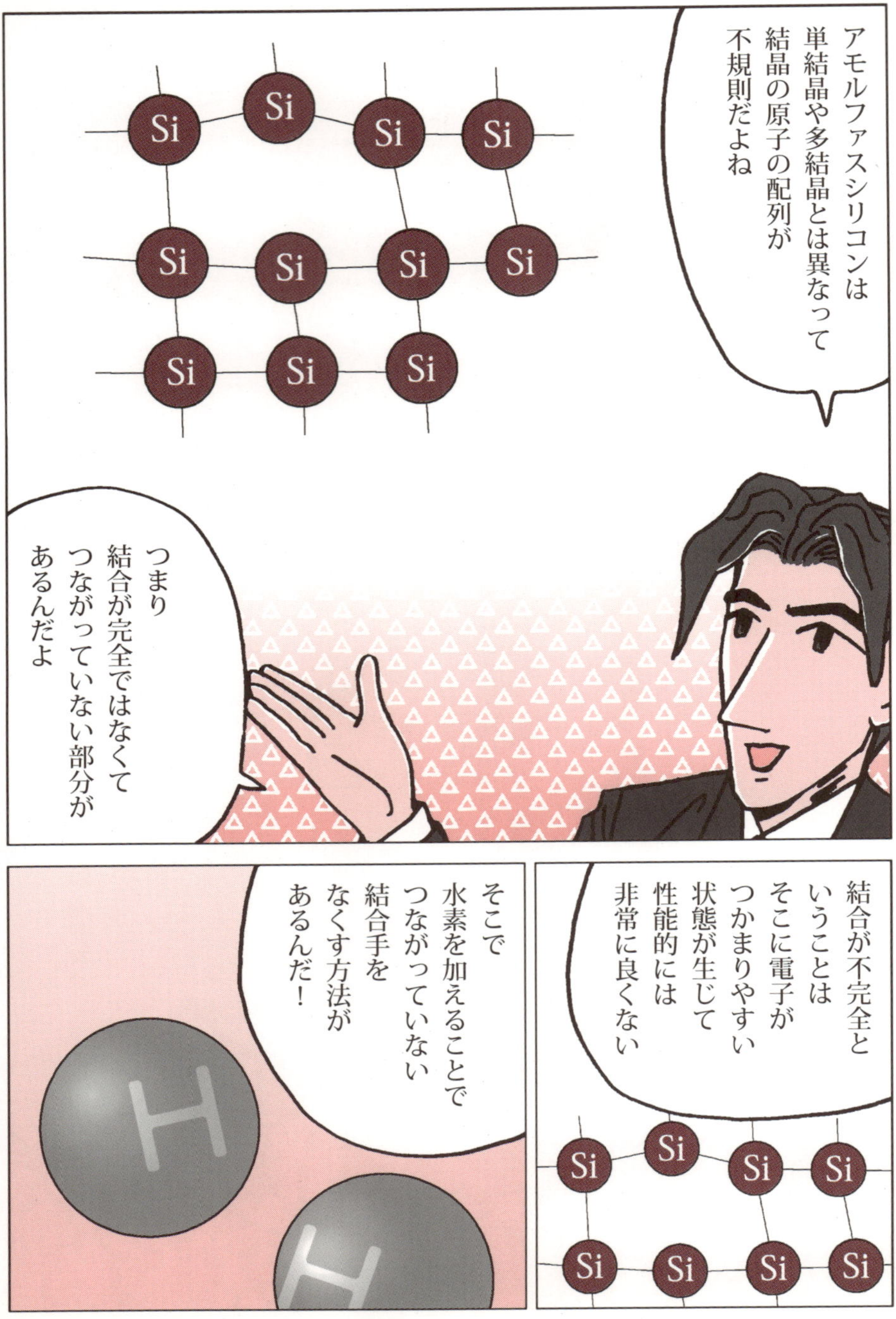
アモルファスシリコンは単結晶や多結晶とは異なって結晶の原子の配列が不規則だよね
つまり結合が完全ではなくてつながっていない部分があるんだよ
結合が不完全ということはそこに電子がつかまりやすい状態が生じて性能的には非常に良くない
そこで水素を加えることでつながっていない結合手をなくす方法があるんだ！

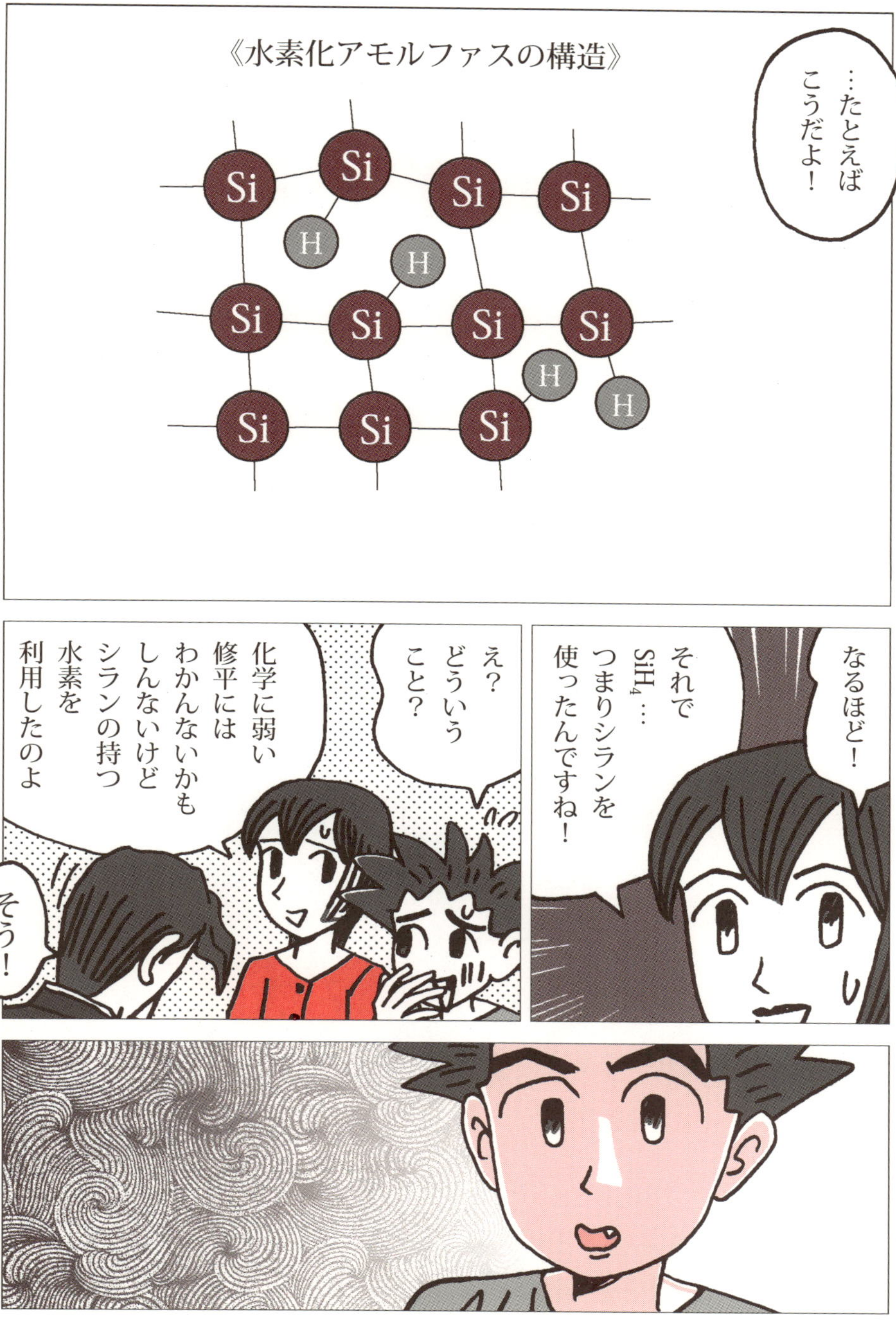
…たとえば こうだよ！
《水素化アモルファスの構造》
Si Si Si Si
H H
Si Si Si Si
H H
Si Si Si
なるほど！
それで SiH_4… つまりシランを使ったんですね！
え？ どういうこと？
化学に弱い修平にはわかんないかもしんないけどシランの持つ水素を利用したのよ
そう！

わかる?
し・ら・ん
しらん…つまりシランにかけたわけね…
くだらないシャレね～
いいわ後で教えてあげる
おおぉ～し!

チェックポイント

・アモルファスシリコン太陽電池は、電気的な性質や光学的な性質が結晶シリコンとは異なります。

・化学反応によって得た水素化アモルファスシリコンを、基板上に薄い膜として堆積させて発電します。

（3）化合物半導体太陽電池
化合物半導体太陽電池は主に　こうした3種類に分類できるんだよ
Ⅲ族元素とⅤ族元素からなる化合物
Ⅱ族元素とⅥ族元素からなる化合物
Ⅱ-Ⅵ族の変形であるカルコパイライト系化合物（Ⅰ-Ⅲ-Ⅵ2族など）

数ある化合物半導体の中で、太陽電池に適した材料は、インジウムリン（InP）やガリウムヒ素（GaAs）、カドミウムテルル（CdTe）などです。

シリコンと化合物半導体ではどこが違うんですか？
化合物半導体の方がシリコンより光の吸収率がかなりいいんだよ
だから薄膜セルとして利用するのに適しているよね
薄膜セルってことは低コストということですね？
そう！

それに
複数のセルを重ねた
タンデム構造に
することが
できるよ
タンデム
構造…？
「tandem」って
英語ですよね…
カタカタタタ……
「tandem」とは
「縦に並んだ」とか「連絡」「協調」
の意味だって…
へ〜
まぁ
タンデム構造とは
そんなもんだね
タンデム
構造では…
光が当たる側の
セルに
バンドギャップの
大きな材料を用い
そのセルを
透過した光を
吸収する側に
バンドギャップの
小さな材料を
用いるんだよ

太陽電池をタンデム構造にすることで、幅広い太陽光スペクトルを吸収し、変換効率を高めることが可能になります。

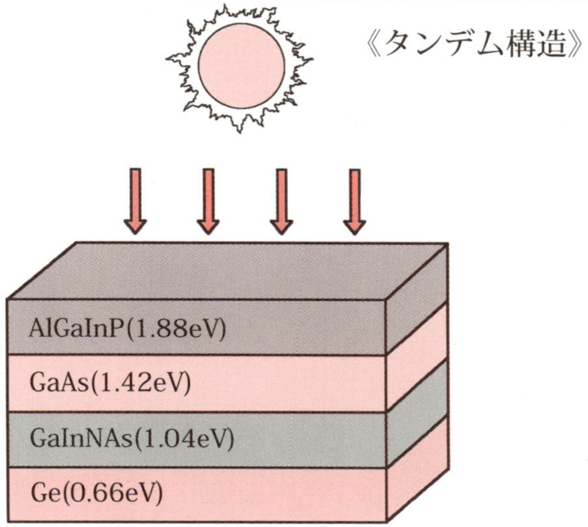
《タンデム構造》
AlGaInP(1.88eV)
GaAs(1.42eV)
GaInNAs(1.04eV)
Ge(0.66eV)

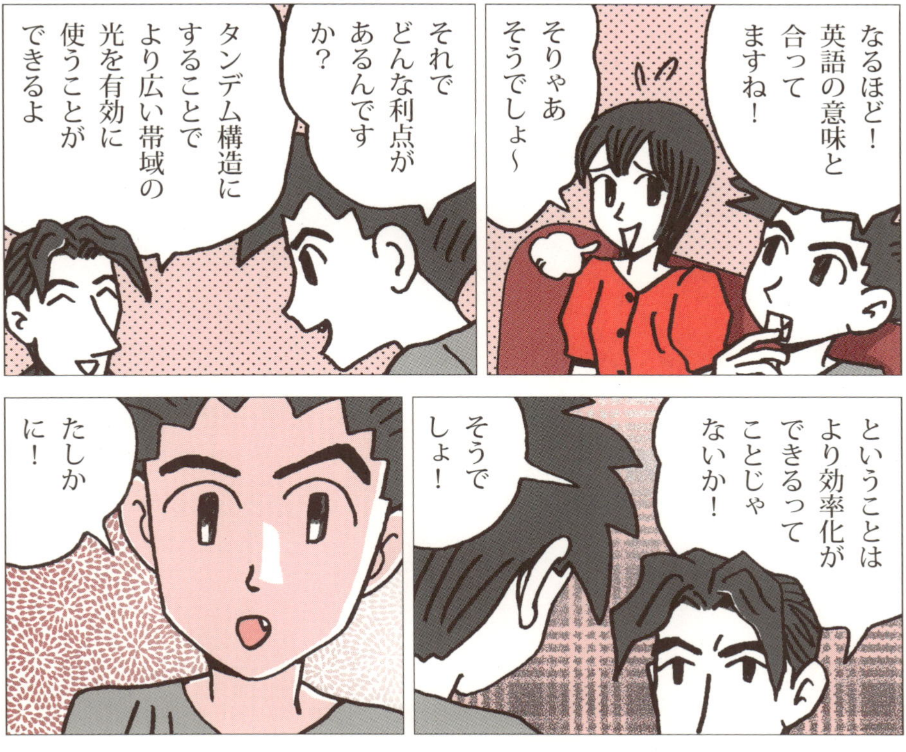
なるほど！英語の意味と合ってますね！
そりゃあそうでしょ～
それでどんな利点があるんですか？
タンデム構造にすることでより広い帯域の光を有効に使うことができるよ
ということはより効率化ができるってことじゃないか！
そうでしょ！
たしかに！

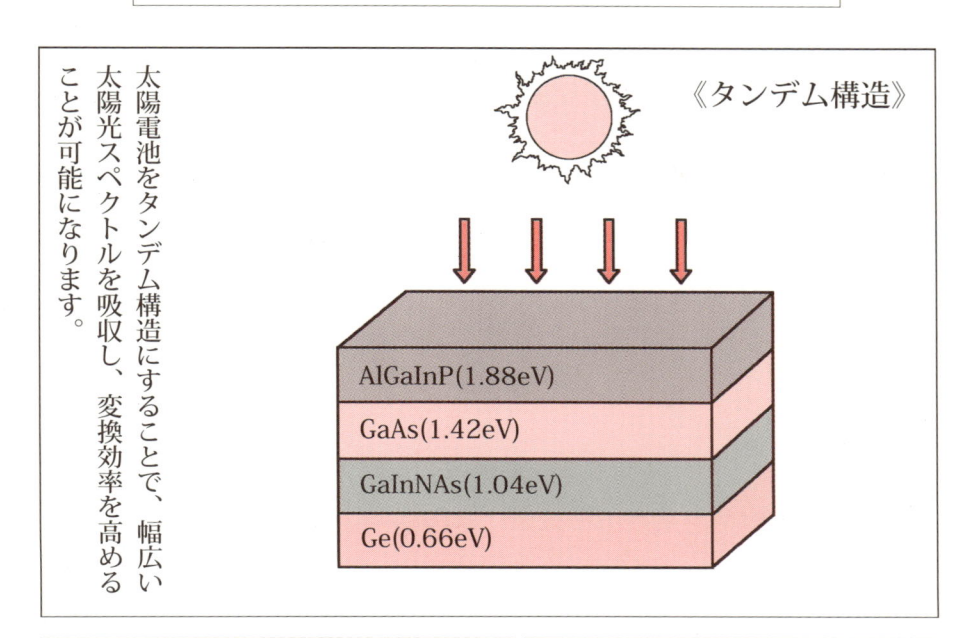

このようにいくつもの化合物半導体の組成を変えることでバンドギャップを変えることができるわけだ
…てことは適切な化合物半導体の材料を使うことで効率の良いセルを考えることができるってことだよね
そうですよね！
ギラギラ
さらに高温状態だと太陽電池の変換効率が低下するわけだけど…
化合物半導体太陽電池の方が結晶シリコン系太陽電池より変換効率の低下が少ないんだよ
つまり…
温度による影響が少ないってことですね！

207
(3) 化合物半導体太陽電池

そういうこと!
てことは高温環境での運転が可能ってことかなぁ…
そうなんだよ!
それが化合物半導体太陽電池なんだよ!
おっしゃぁ正解だ!

Ⓟチェックポイント

・化合物半導体太陽電池は、Ⅲ族元素とⅤ族元素からなる化合物、Ⅱ族元素とⅥ族元素からなる化合物、カルコパイライト系化合物に分類できます。
・化合物半導体はシリコンより光の吸収率が良く、薄膜セルに適しています。
・化合物半導体太陽電池の方が、結晶シリコン系太陽電池より、温度による影響が少ないです。

Ⅲ－Ⅴ族化合物太陽電池
太陽電池パドル
太陽電池は宇宙用太陽電池としても使われているんだよ
でも宇宙で太陽の光をエネルギー源にするという考え方は納得できますよね
そうだよね
人工衛星がたくさんの乾電池を使ってたらなんか夢がなくなっちゃうよ～

ただし 宇宙用の
太陽電池には
それなりの特性が
要求されるよね
たとえば
どんな特性が
必要ですか？
まず
宇宙に出るということは
地球を覆っている
オゾン層の外に
出るということだから
紫外線などを
モロに受けることになる
なるほど…
たしかに
紫外線て
すっごく
有害よね
お肌にも
とっても
悪いらしい
し…
そのために
宇宙の高エネルギーの
陽子線や電子線などの
放射線によって
半導体に欠陥が生じ
太陽電池の出力が
低下してしまうんだよ
単結晶シリコン太陽電池や
多結晶シリコン太陽電池などの
シリコン系太陽電池は
放射線に弱いん
ですか？
以前はそうだったけど
シリコンを
薄い膜状にして使うことで
だいぶ放射線に対する特性が
改善されているんだよ

それじゃあ結晶シリコン太陽電池を宇宙用に使っているんですね？
いや！
それ以上に宇宙用に適した太陽電池があるんだよ
え…
そうなんですか…？
それがインジウムリンやガリウムヒ素などの化合物半導体太陽電池なんだ！

211
(3) 化合物半導体太陽電池

それはシリコン系よりも放射線に強いんですか？
そうだよ
しかも変換効率が高く衛星用の電源に使われているんだ
へ〜すごいな〜

インジウムリン（InP）の方が、ガリウムヒ素（GaAs）よりもさらに耐放射線性に優れています。

価格的にはどうなんですか？
高いんでしょうね？
Ⅲ-Ⅴ族化合物は資源が少ないことと製造コストが高いことからどうしても割高になってしまうね
やっぱり高いんだわ…

じゃあ一般的な太陽電池には不向きですよね…
うん
まぁ変換効率が高いことと耐放射線性に優れているから宇宙用の太陽電池として利用されていくだろうね…

《宇宙用太陽電池（モノリシック型タンデム構造）》

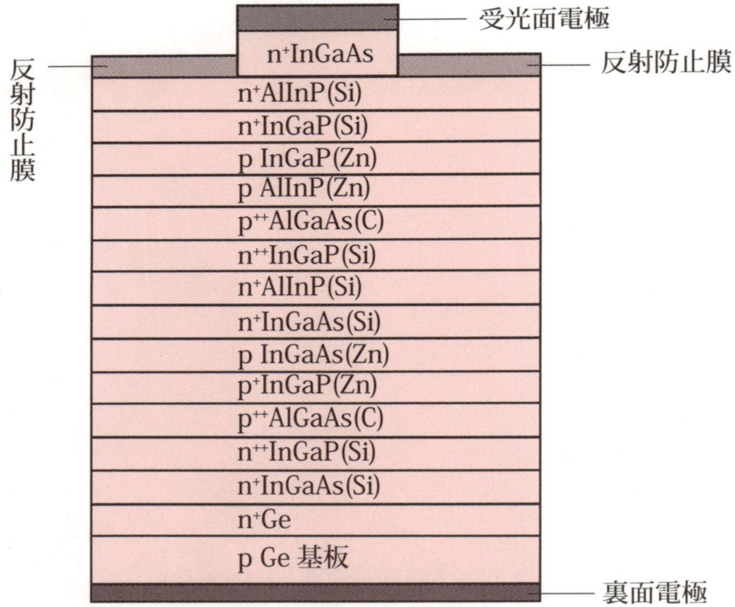
受光面電極
n^+InGaAs
反射防止膜
反射防止膜
n^+AlInP(Si)
n^+InGaP(Si)
p InGaP(Zn)
p AlInP(Zn)
p^{++}AlGaAs(C)
n^{++}InGaP(Si)
n^+AlInP(Si)
n^+InGaAs(Si)
p InGaAs(Zn)
p^+InGaP(Zn)
p^{++}AlGaAs(C)
n^{++}InGaP(Si)
n^+InGaAs(Si)
n^+Ge
p Ge 基板
裏面電極

チェックポイント

・化合物半導体太陽電池は宇宙用に適した太陽電池です。

・化合物半導体はシリコン系よりも放射線に強く、変換効率が高いので、衛星用の電源に使われています。

・Ⅲ-Ⅴ族化合物は、資源が少なく製造コストが高いことから、一般的な太陽電池には不向きです。

Ⅱ-Ⅵ族化合物太陽電池
カドミウムテルル（CdTe）と硫化カドミウム（CdS）を組み合わせた太陽電池が低価格で製品化されているよ
カドミウムテルル太陽電池は半導体の光吸収の基本となるバンドギャップが1.44 eVの理想的な太陽電池材料なんだ
CdTe
CdS
硫化カドミウムは太陽光の大部分を透過する窓材として使われているよ
カドミウム…？聞いたことがあるんだけどわかんねぇ～
しかも化学記号が多すぎるよぉ～
……
えへへたのむね…
大丈夫よ修平
わかんなかったら後で　まとめて教えてあげるって！

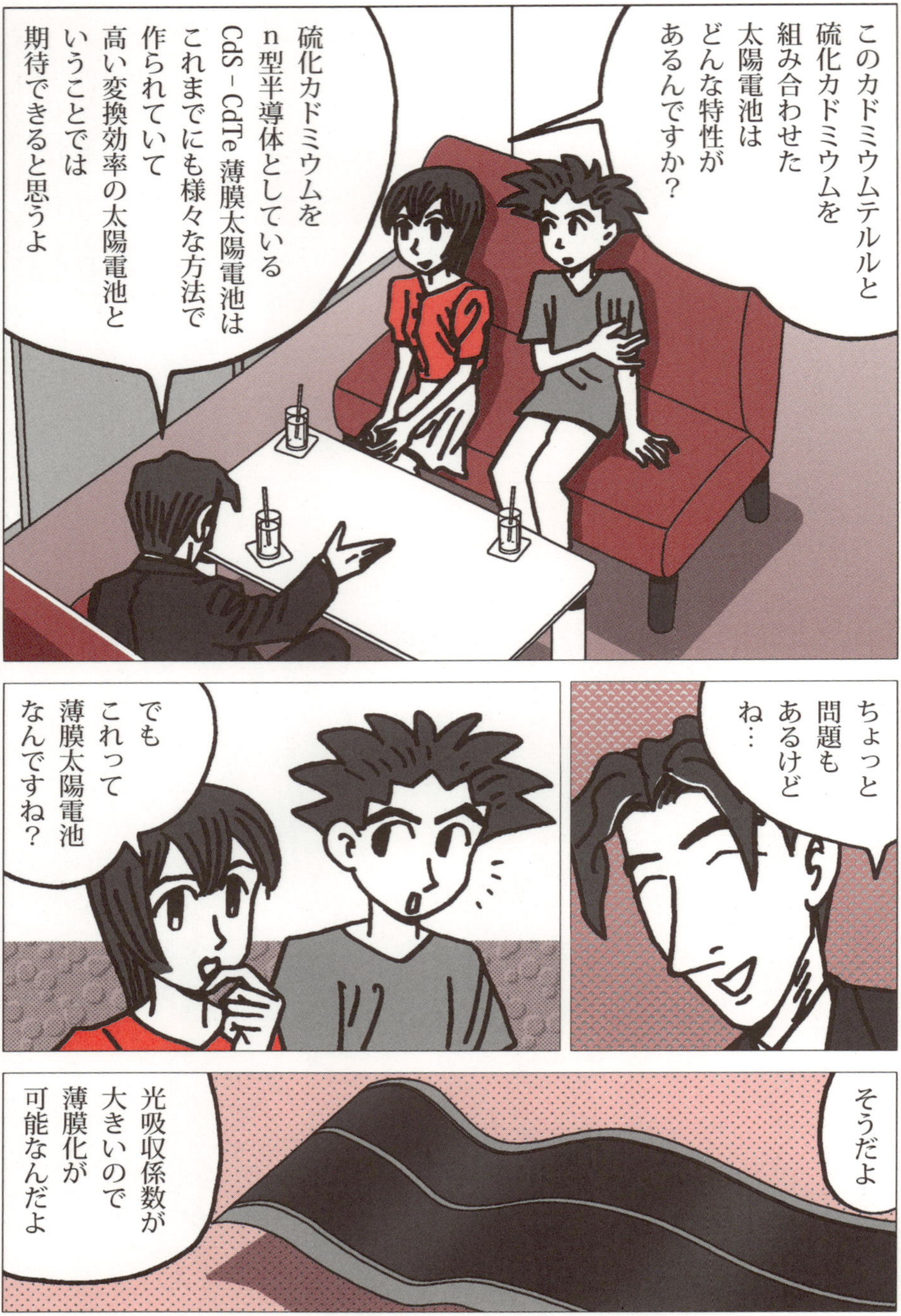
このカドミウムテルルと硫化カドミウムを組み合わせた太陽電池はどんな特性があるんですか？
硫化カドミウムをｎ型半導体としているCdS－CdTe薄膜太陽電池はこれまでにも様々な方法で作られていて高い変換効率の太陽電池ということでは期待できると思うよ
ちょっと問題もあるけどね…
でもこれって薄膜太陽電池なんですね？
そうだよ
光吸収係数が大きいので薄膜化が可能なんだよ

薄膜化して使うということは低コストの太陽電池ということですか？
そうだよ！
野辺さんちょっと質問なんですけど…
カドミウムってたしか毒性があるんじゃないですか？
毒！
あ！毒で思い出した！
カドミウム汚染
カドミウムってたしかカドミウム汚染で話題になったとかいうあれでしょう！
修平君よく覚えていたね
たしかにカドミウムは毒性の強い材料なんだよ
さっき「ちょっと問題あり」と言ったのはそのことなんだ

そ それって マズく ないです か～
ねぇ～
使用が禁止されている わけではないが 高い毒性のカドミウムと いうことで たしかに日本では 敬遠されて 普及していないね
でも 欧米の一部では 使われて いるんだよ…

P チェックポイント

・カドミウムテルル太陽電池は、光吸収係数が大きく薄膜化が可能な、理想的な太陽電池材料です。

・カドミウムは毒性の高い材料なので、日本では敬遠されて普及していません。

（4）有機半導体太陽電池
ところで2000年のノーベル化学賞は誰が受賞したか知ってるかい？
だ誰ですか…？
たしか白川先生だと思ったけど…
誰だい？その白川先生って？担任は高橋先生だしなぁ…？
白川英樹先生よ！ばっかねぇ～
ははは雪絵さんよく覚えているね！
え！正解なの？
一応化学は得意ですから！
エヘン

「導電性ポリマーの発見と開発」で
白川英樹先生ら3人が
ノーベル化学賞を
受賞したんだよ
ポリ…？
それじゃあ
雪絵さん
導電性ポリマーに
ついて
知っている
ことは？
し
知りま
せん
あの…
導電性
ポリマーって
何ですか？

ポリマーというのは分子量が一万程度以上の高分子化合物のことで端的に言えばプラスチックのことなんだ
複数のモノマー（単量体）が重合する（結合して鎖状や網状になる）ことによってできた化合物
ポリマー（または重合体）
つまり導電性ポリマーとは電気を通すプラスチックのことなんだよ！
ええ〜っ！プラスチックに電気が流れるんですか？
すっごぉーい！
だ　だけどプラスチックってガラスなどと同じように絶縁体でしょ…？
だよね…電気は通さないはずよね…
まぁ　通常のプラスチックはそうだけどじつは　導電性のプラスチックもあるんだよ
実際君たちはすでに導電性ポリマーを使っているんだよ
え？ど　どこで使ってるんですか？

携帯電話やパソコンにはたくさんの導電性ポリマーが使われているんだよ！
知りませんでした～
携帯のどこに使われているんですか？
その有機ＥＬディスプレイの部分だよ…
テレビの画面にも有機ＥＬが利用されるようになり、厚さ３ミリの超薄型テレビが可能な時代となりました。

へぇ～
でもどうしてプラスチックに電気が流れるんですか？

今まではたしかにプラスチックの原料である有機材料には電気を通す性質がなかったよね

ところが白川先生たちの研究によって有機分子に特有なπ電子をうまく利用することで有機材料にも電気を通せるようになったんだよ

分子内の隣り合った原子同士の電子軌道のローブの重なりによってできた化学結合を「π結合」といいます。

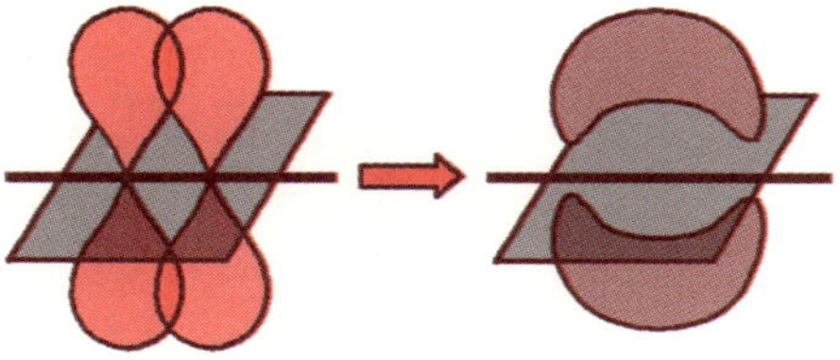

《２つの隣り合った原子の軌道から作られるπ結合》

「π電子」とは、炭素原子の二重結合や三重結合で見られる、結合方向に対して垂直なプロペラ型の軌道をもつ電子のことです。

電気が流れるのは電子の移動によるものです。つまり、電子が自由に動ける構造であれば電気を通すことができるわけです。
すごい……
プラスチックの特徴って何だと思う？
まず軽いですよね
それと形を自由に変えられるわ
そうだね
つまり軽くて変形自由で…しかも導電性のプラスチックができるよね！
これってものすごく利用度の高い材料だとは思わない？
たたしかに！
思います！

223
（4）有機半導体太陽電池

そこで電気を流す有機材料をこれまでの無機材料に代わる半導体として使おうとしているんだよ
すごいなぁ！プラスチックの半導体ですかぁ！
シリコンなどの高価な材料の代わりにプラスチックでできた半導体を使えたらきっと　ものすごく安い太陽電池ができるわね…
たしか太陽電池をつくるにはp型半導体とn型半導体が必要なのよね…
ということはp型には有機半導体の導電性ポリマーを用いるとしてもn型には何を使うの？

今までは適当な材料がなかったんだけど…
フラーレン
フラーレンをn型半導体として使うと有効であることがわかったんだ
フラーレン?
それはどんな物質ですか?
フラーレンはグラファイトやダイヤモンドに次ぐ第三の炭素でサッカーボール型の分子構造をしているんだよ
フラーレンを構成する原子は、グラファイト中にある炭素と同じ種類ですが、60個以上の炭素原子が強く結合しています。中でも、フラーレンの代表的なC60は、サッカーボールと同じ球状をした分子です。フラーレンの発見も、ノーベル化学賞を受賞しています。

225
（4）有機半導体太陽電池

それで　野辺さん
導電性ポリマーと
フラーレンで
どうやって太陽電池を
作るんですか？
うん
この導電性ポリマーと
フラーレンを混ぜて溶融し
電極が付いた
基盤の上に塗って
薄膜にするんだよ…

《有機半導体太陽電池の作り方》
ポリマー（p 型）
フラーレン（n 型）
溶液中で
混ぜます
ITO 電極／基板
なんか
わりと簡単に
できちゃう
みたい
みたい
ね…

ところで
肝心の
変換効率は
どうなん
ですか？
いいん
ですか？
現段階では
数％と
いうところ
だね…

《有機薄膜太陽電池の構造》

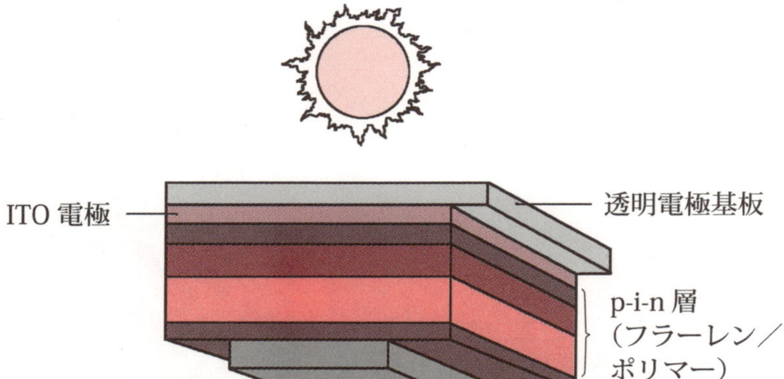
ITO 電極
透明電極基板
p-i-n 層
（フラーレン／
ポリマー）
金属電極

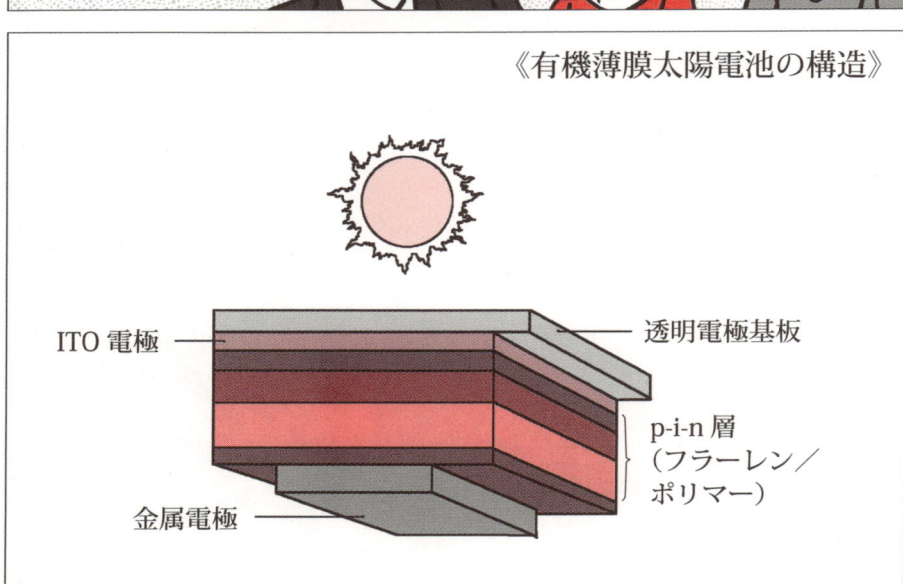

227
（4）有機半導体太陽電池

な～んだ
低価格の太陽電池なので期待したんだけど変換効率が低すぎるな～
でも有機材料にはたくさんの種類があることだしそのうち最適な材料が見つかるかもね
そういうことだね
今後の研究に期待しましょう！
はぁ～い

Ⓟチェックポイント

・導電性ポリマーとは、電気を通すプラスチックのことです。

・携帯電話やパソコンには、たくさんの導電性ポリマーが使われています。

・有機分子に特有なπ電子をうまく利用することで、有機材料にも電気を通せます。

・p型には有機半導体の導電性ポリマーを用い、n型にはフラーレンを用いると有効です。

・フラーレンはサッカーボール型の分子構造をしています。

（5）湿式太陽電池
湿式太陽電池は 電解質溶液と半導体電極 さらに　対極からなる 電気化学セルで 構成されている 太陽電池なんだよ
TCO 電極
TCO 電極
色素
白金
電解液

この湿式太陽電池は 製造が簡単であるだけでなく 電極を電解質溶液に浸すだけで 接合できるから 製造コストが安くて済むんだよ
《代表的な色素》
Ru：ルテニウム
COOH
HOOC
N
NCS
Ru
NCS
HOOC
COOH
S
S
CN
COOH

229
(5) 湿式太陽電池

コストが安いというのは大歓迎ね
そうそう
湿式太陽電池を作る際にはレドックスといって可逆的に酸化還元反応を起こす薬品などを　電解液に混入するんだよ
その電解液にn型半導体の電極を入れるときにレドックス系の酸化還元準位がフェルミレベルよりも低いとn型半導体から電解液へと電子が移動して接合が完成されるんだ
へえ～
湿式太陽電池にはどのようなものがあるんですか？
たとえば酸化チタン（TiO$_2$）を半導体電極とした色素増感太陽電池だね
色素増感太陽電池！

この太陽電池はセルの製作が低コストでできるので次世代太陽電池として期待されているんだよ
変換効率はどのくらいですか？
約11％だね
11％なら効率的でもないと思うけど…
そうね…
あのー電解液を使うということですがどのようにして発電するんですか？
まず電極の酸化チタンの表面に色素を吸着しておく…

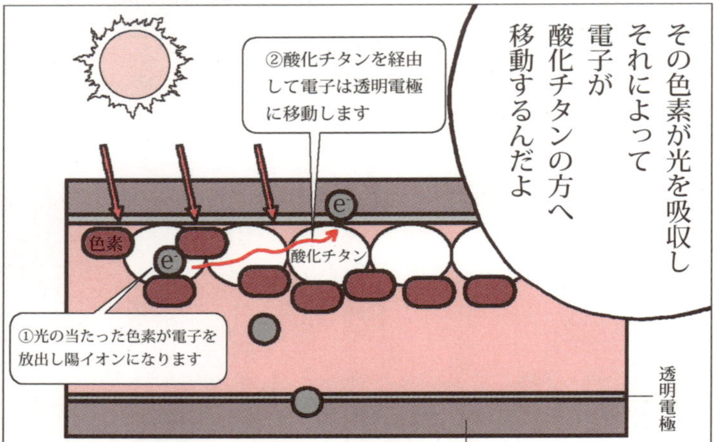
その色素が光を吸収しそれによって電子が酸化チタンの方へ移動するんだよ
②酸化チタンを経由して電子は透明電極に移動します
e-
色素
e-
酸化チタン
①光の当たった色素が電子を放出し陽イオンになります
透明電極
基板

この場合、酸化チタン自身は光を吸収せず、色素が代わりに光を吸収します。そのために、「色素増感」と呼ばれています。

231
（5）湿式太陽電池

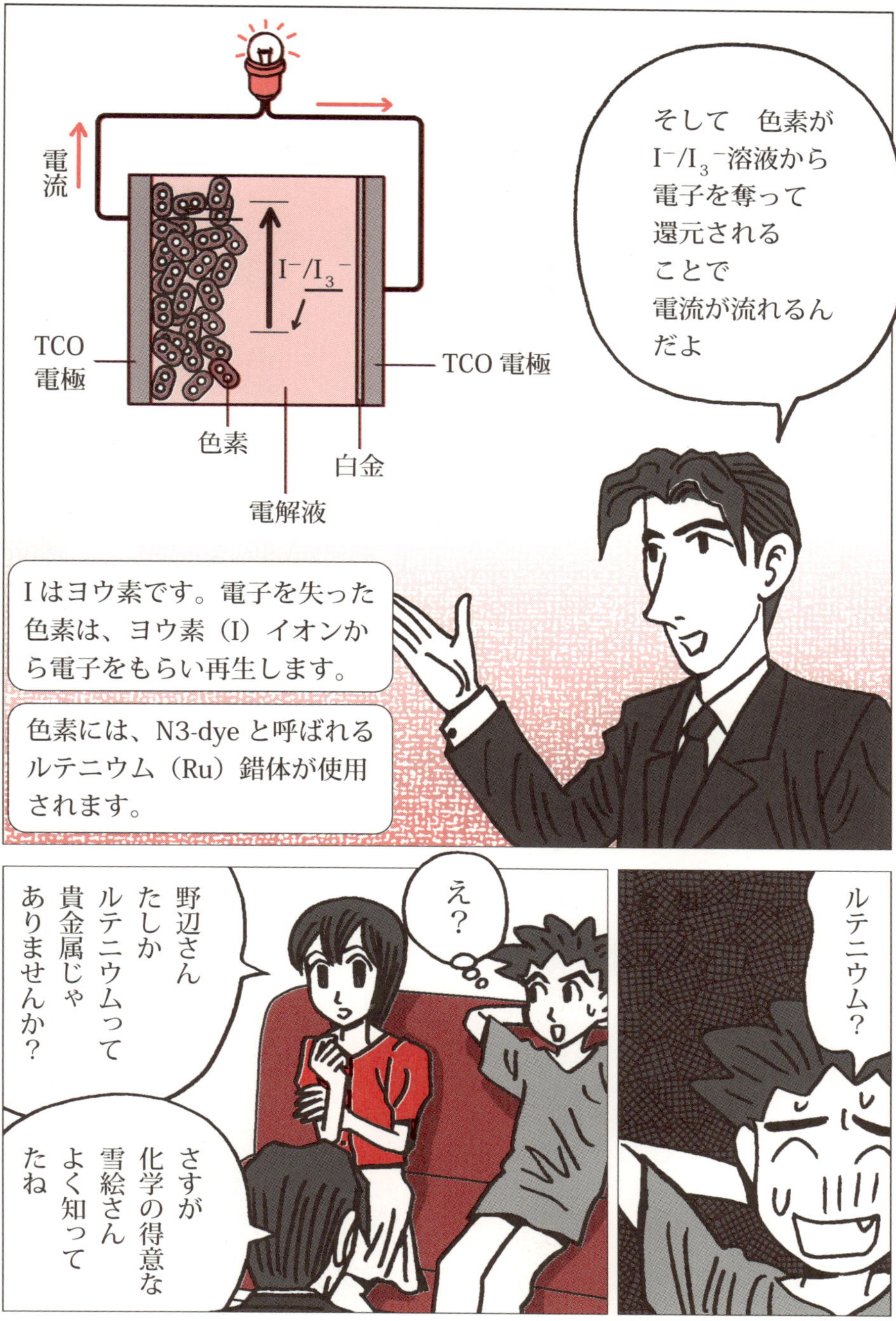
電流
I^-/I_3^-
TCO 電極
TCO 電極
色素
白金
電解液
そして　色素が I^-/I_3^-溶液から 電子を奪って 還元される ことで 電流が流れるんだよ
I はヨウ素です。電子を失った色素は、ヨウ素（I）イオンから電子をもらい再生します。
色素には、N3-dye と呼ばれるルテニウム（Ru）錯体が使用されます。
ルテニウム？
え？
野辺さん たしか ルテニウムって 貴金属じゃ ありませんか？
さすが 化学の得意な 雪絵さん よく知って たね

ルテニウムって高価だったと思うんですが…
そうだね
そのかわり変換効率は高いよ
でも貴金属じゃあもったいないなぁ～
たしかにもったいないかも…
そのうちルテニウムを含まない有機色素で太陽電池が作れるといいね
ただし電解液が問題なんだよね！
どうしてですか？
電解液に蒸発しやすい有機溶媒を使うから耐久性と劣化が問題視されているんだよ

▶233◀
（5）湿式太陽電池

電解液は液体だから蒸発しちゃったらマズイですよね…
だったらさぁ電解液を蒸発しない固体にしたらいいんじゃないの？
修平君なかなか良いアイデアだね
まぁそうしたことも含めて今後の研究課題ということだろうね
なるほど…

夕日って
いつ見ても
奇麗よねぇ～
うん
そうだね…

チェックポイント

・湿式太陽電池は、電解質溶液と半導体電極、さらに対極からなる電気化学セルで構成されています。

・湿式太陽電池には、酸化チタンを半導体電極とした色素増感太陽電池があります。

第四章　身の回りの太陽電池

（1）屋根の上の太陽光発電

一ノ関先輩！修平が　ついに11秒台で走ったんですよ！
ほら！
おおすごいすごい
わははは
目指すはインターハイ優勝だぁ！
ところで奈良橋…
太陽電池って半導体からできているらしいけどそうなのか？
どんな半導体を使うんだ？
ん？
え？

(1) 屋根の上の太陽光発電

シリコンなどを使いますけど…
けど どうしたんすか先輩 太陽電池について聞いてくるなんて?
おまえらがいつも太陽電池は素晴らしいてなことを言ってるじゃん
で おれも気になったというか知りたくなってさぁ…
修平! 奈良橋!
おれにも太陽電池について教えてくれないか?
なっはっ
いいですけど!
喜んで!
n型半導体とp型半導体があって…
ふむふむ…

…新しいわが家のラフスケッチができたぞ
へぇ～
ねえあなたキッチンは広く取ってくれた？
ああ美味しい料理をいっぱい作ってもらえるように広くしたよ
ありがとぉ～
それに　最新のシステムキッチンを導入するし対面式を採用しようと思うんだ
太陽光発電システムは？
もちろん設置するさ！

(1) 屋根の上の太陽光発電

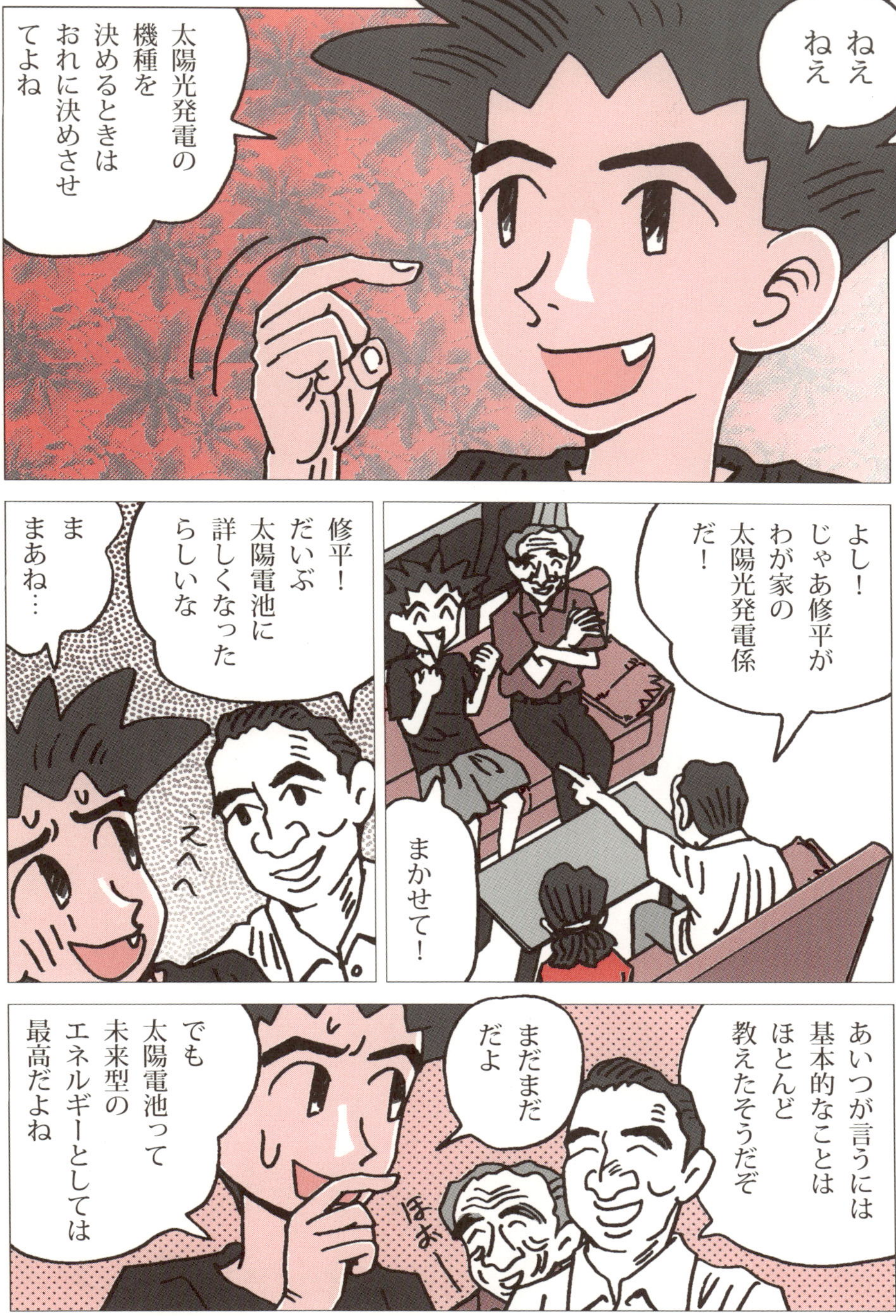
ねえ ねえ
太陽光発電の機種を決めるときはおれに決めさせてよね
よし！じゃあ修平がわが家の太陽光発電係だ！
まかせて！
修平！だいぶ太陽電池に詳しくなったらしいな
えへへ
ま まあね…
あいつが言うには基本的なことはほとんど教えたそうだぞ
ほぉー
まだまだだよ
でも太陽電池って未来型のエネルギーとしては最高だよね

ほら あそこにも あっちにも…
屋根の上に 太陽光発電 システムが 設置して あるよね
ほんと だわ
まだまだ 少ないけど あちこちに あるわね
あれって もしかして セキヤマ住宅が 建てた家 でしょ？
まあね
野辺さん
家庭用の 太陽光発電 システムは 設置するのに どのくらいの 費用が かかるん ですか？
まぁ 屋根の形によって 若干の価格差はあるけど およそ２００万円程度かな

241

（1）屋根の上の太陽光発電

じゃあ　ぼくの家も新築して太陽光発電システムを設置すると200万円くらいかかるんですね…
いや！国などの補助金制度があるからだいぶ費用が軽減できるよ
最近では多くの自治体が独自の助成金制度を導入しているのでかなり低価格で設置することができるよ
1994年から、環境によい環境エネルギー促進を目的に、経済産業省による国の補助金制度が発足しました。
たとえば補助金制度を受けて太陽光発電システムを導入したとして節電で電気代のもとがとれるまでだいたい何年くらいかかるんですか？
そうだよね…
太陽光発電によって自宅で電力をつくって通常の消費電力をいくら節約してもシステム導入にかかった費用より安くならないと一般の人はなかなか導入してくれないかも…

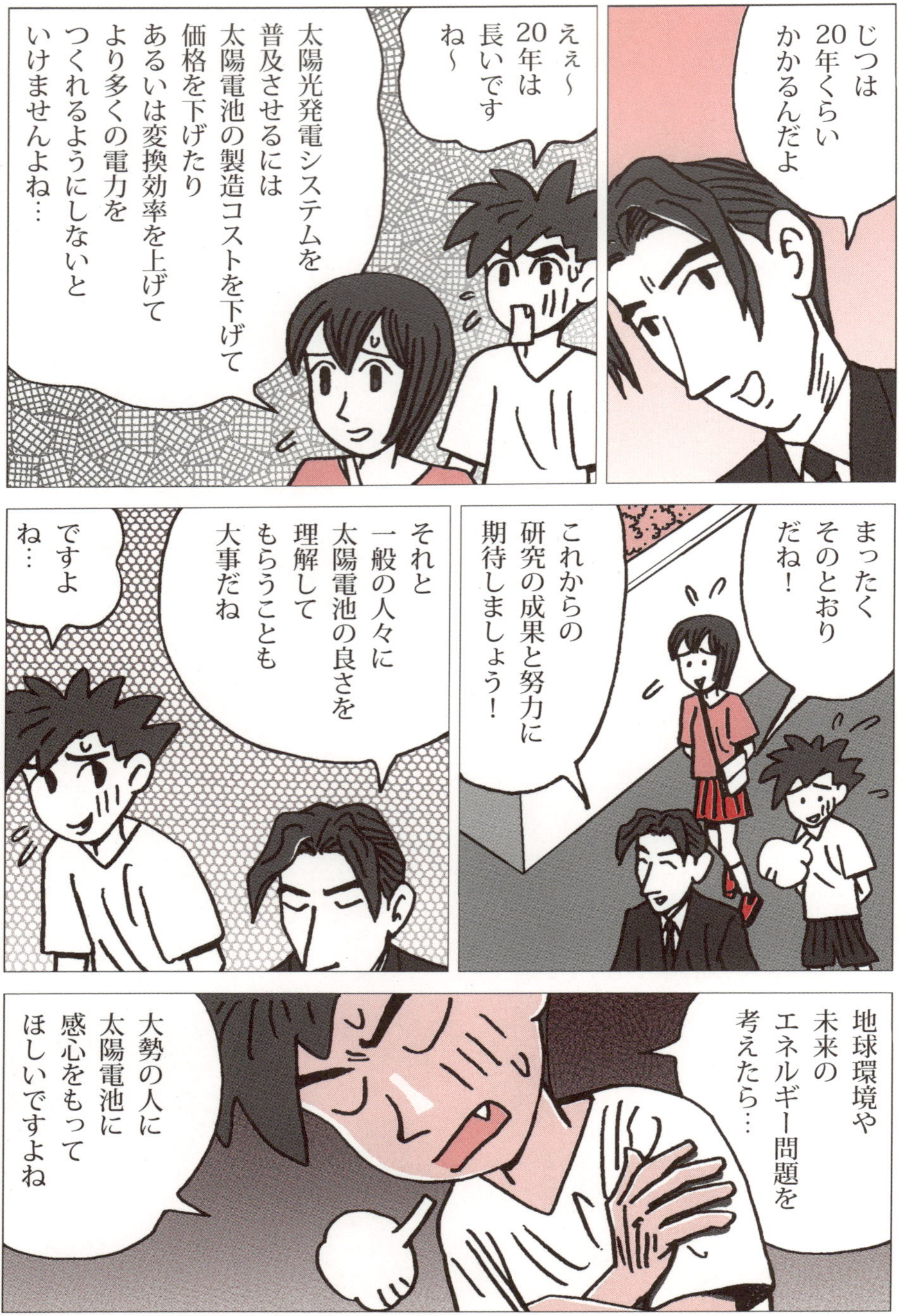
じつは20年くらいかかるんだよ
えぇ〜20年は長いですね〜
太陽光発電システムを普及させるには太陽電池の製造コストを下げて価格を下げたりあるいは変換効率を上げてより多くの電力をつくれるようにしないといけませんよね…
まったくそのとおりだね！
これからの研究の成果と努力に期待しましょう！
それと一般の人々に太陽電池の良さを理解してもらうことも大事だね
ですよね…
地球環境や未来のエネルギー問題を考えたら…
大勢の人に太陽電池に感心をもってほしいですよね

ビルの屋上や 道路までも すべて 太陽電池だったら エネルギー問題は かなりの部分が 解決できるんじゃ ないかなぁ
そうだね もしかすると 本当に そんな時代が くるかも しれないね
いずれにしても 太陽電池は 将来有望な エネルギーだよね…

P チェックポイント

・家庭用の太陽光発電システムの設置には、およそ 200 万円程度の費用が必要です。

・太陽光発電システムを設置すると、国の補助金制度や多くの自治体独自の助成金制度を受けて、低価格で設置することができます。

(2) 時計と電卓
これと同じような電卓わたしの家にもあるわよ！
ぼくも持ってるよ！
そしてこれは太陽電池を使用した腕時計だよ
へぇ～
電卓や腕時計のように日常の中で太陽電池はどんどん使われるようになっているよね
こうしたことからもこれから太陽電池の本格的な普及が始まっていくと思うよ

245
（2）時計と電卓

電卓にはどういった材料が使われているんですか？
電卓に太陽電池を使用したのは１９８０年ごろだったね
材料にはアモルファスシリコンが使われたんだよ
薄膜材料ですね
そうだよ
そして世界で最初にアモルファス太陽電池の実用化を実現したのは日本企業だといわれているんだ
へ～

アモルファスシリコンは基板上に薄いシリコンの膜を堆積させて使うから経済的でコストが安くて済むんでしたよね
価格が安いということは普及するための必要条件よね
それに太陽電池を利用した電卓って夜間の照明の中でも使えるし…
そうだねアモルファスシリコンは比較的短い波長の光で発電できるから室内の蛍光灯の明かりでも発電できるんだよね
だいいち　電卓を真っ暗なところで使う人はいないと思うから太陽電池を利用するのに最も適しているのかも
そーだよな！
それに
太陽電池を利用した電卓は電池交換が必要ないんだよね！

それってものすごくありがたいわよね！
だよな！
こうした身近な製品の電源にもアモルファスシリコン太陽電池は　急速に利用されるようになっているよね
野辺さんその腕時計もやっぱりアモルファスシリコンを使っているんですか？
うん
電池交換が要らないだけでなく軽くて薄いことが腕時計に最適なんだよ
腕時計の場合は、プラスチックフィルムの上に太陽電池を設置します。

P チェックポイント

- アモルファスシリコンは、室内の蛍光灯の明かりでも発電できるので、電卓に利用されています。
- 電池交換が要らないだけでなく、軽くて薄いことから、アモルファスシリコンは腕時計に利用されています。

（3）ソーラーカー
ソーラーカーって知ってるよね？
はい太陽電池で走る車ですよね
正確には太陽電池と蓄電池を動力源にして走る車をソーラーカーというんだけどね
たしかソーラーカーって公害とは無縁の未来型の車なんでしょ
まだ動力が弱いから車自体がものすごく軽くないと走行が難しいみたいだね
そうなんだふたりともよく知ってるね…

249
(3) ソーラーカー

なにしろ軽量化しないとダメだからガラスを使わずに樹脂を使ったり空気抵抗を極力減らす工夫をしたりしているよね
なるほど
空気抵抗を減らすためにソーラーカーは流線型なのね…
野辺さん
一般家庭の屋根に設置してある太陽光発電システムだと太陽の光に向けて設置しますよね
でもソーラーカーは走っているわけでしょ…

ということはセルの向きが必ずしも太陽の光を十分に受けられる角度とは限りませんよね
つまり発電できる電気が一定ではないってことね
そういうこと！
そうした問題に対処するために太陽電池を設置する箇所を工夫してあるんだよ
へえ〜

251
（3）ソーラーカー

たとえば太陽の向きが同じになるような曲面に作ることで太陽電池の出力が一定になるように設計してあるんだよ
あの〜現在の技術では太陽電池だけで車を走らせることは難しいんですか？
そうだね
毎日晴れていたらいいけど太陽の出ていない雨の日に走ることだってあるよね
太陽電池には蓄電能力がないからとくに夜間の走行は不可能だよね
zzz…

でもバッテリーを組み込むことで太陽電池で作った電気を充電して使えるんでしょ？
うん今度はバッテリーの性能の問題があるよね
現段階では出力不足が一番の課題かな…
だけどガソリンの補助的な電源としては十分に使えると思うけど…
たしかにね…
そうよね

チェックポイント

・ソーラーカーは、太陽の向きが同じになるように太陽電池を設置することで、出力が一定になります。

▸253◂
（4）人工衛星

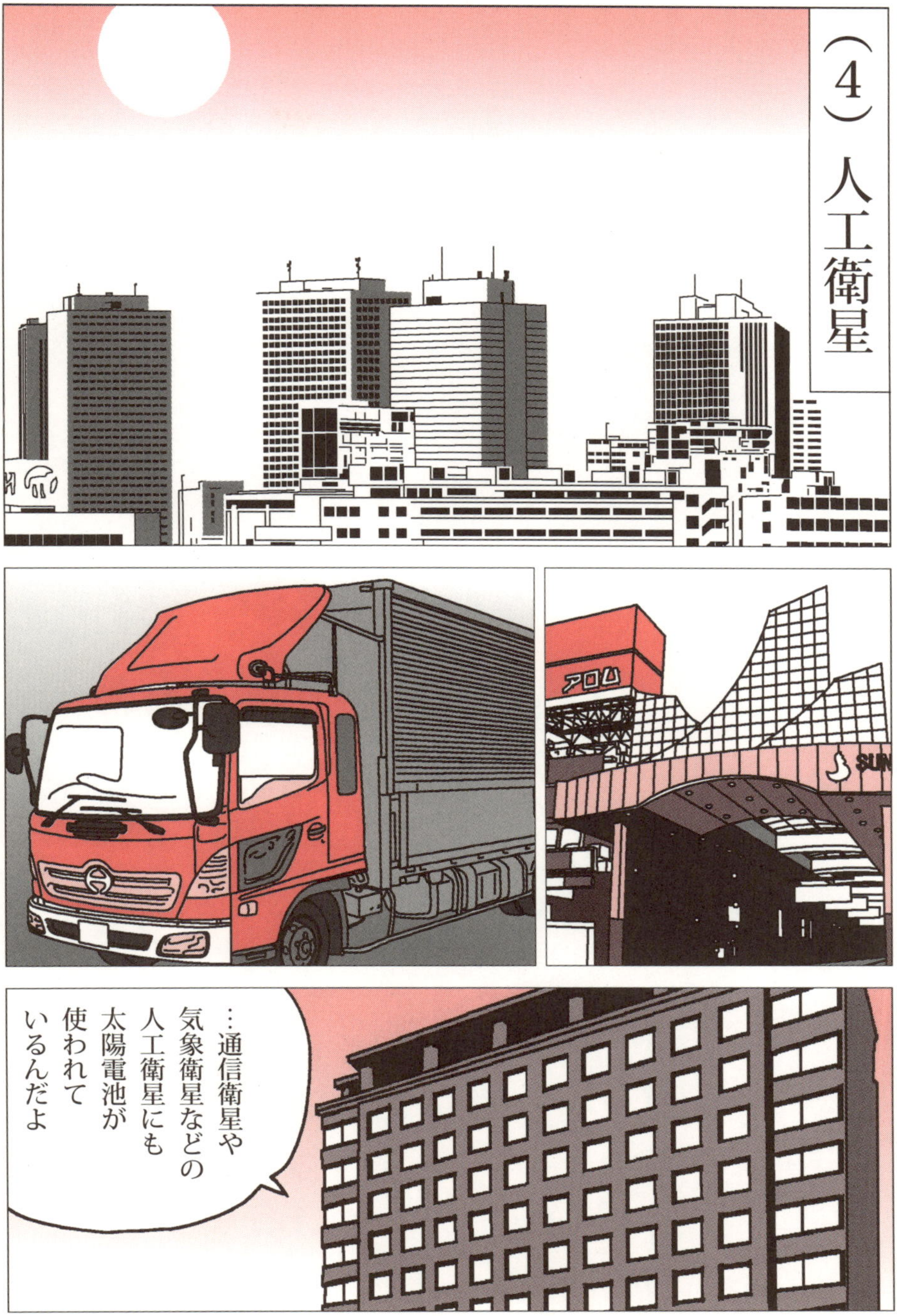
（4）人工衛星
アロム
…通信衛星や気象衛星などの人工衛星にも太陽電池が使われているんだよ

燃料の補給には大変な費用がかかるしリスクも大きくなるよね
それに地上のように入射光が天気に左右されたり雲にさえぎられることもないし…

宇宙空間でなら　人工衛星が地球の裏側に入らないかぎり24時間　太陽の光を受けてフルに発電できるよね
そうね
あ　ああ…
陸上部の先輩一ノ関俊正君も、修平たちと一緒に太陽電池の話を聞くことにしました。

255
（4）人工衛星

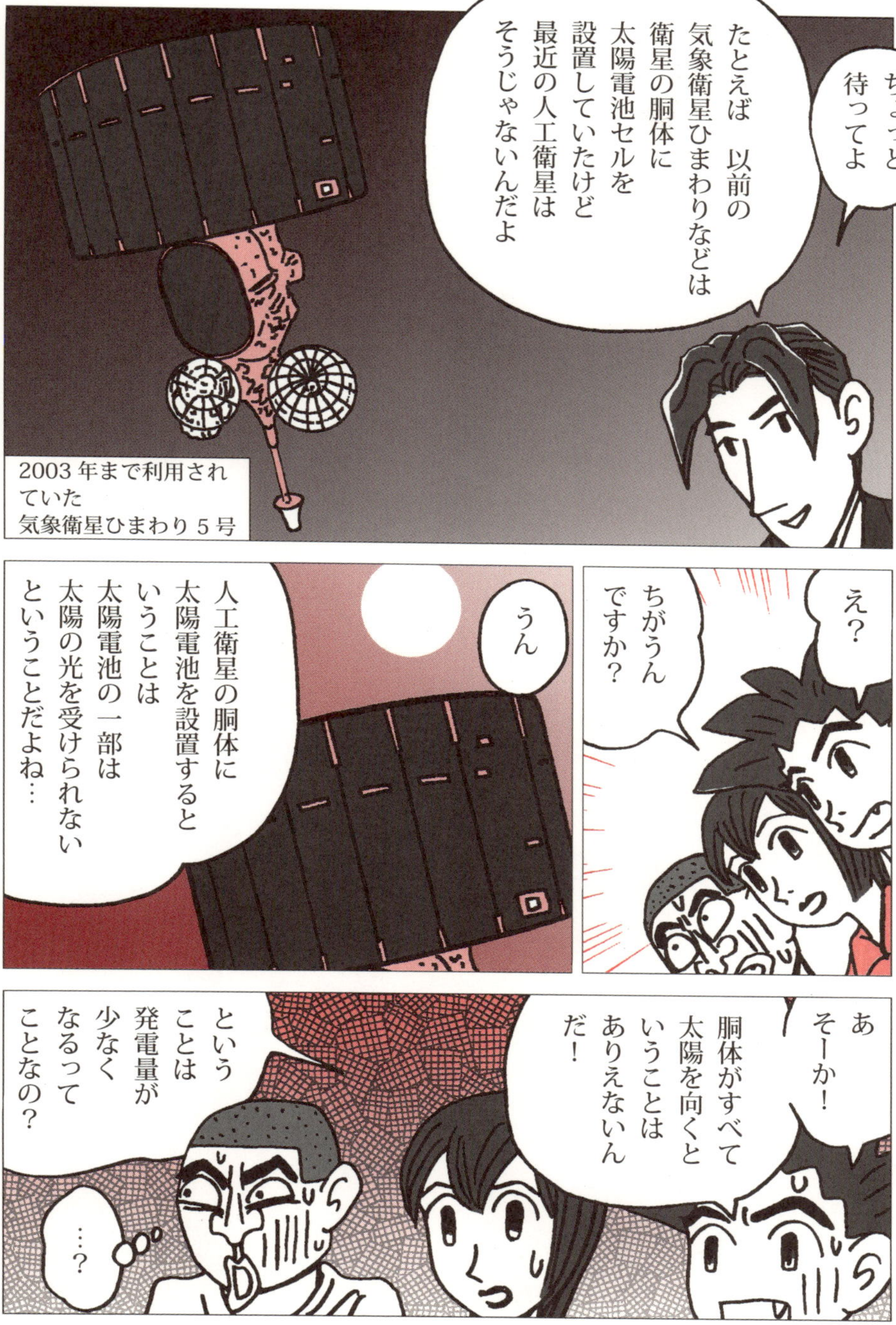
ちょっと待ってよ
たとえば　以前の気象衛星ひまわりなどは衛星の胴体に太陽電池セルを設置していたけど最近の人工衛星はそうじゃないんだよ
2003年まで利用されていた気象衛星ひまわり5号
え？
ちがうんですか？
うん
人工衛星の胴体に太陽電池を設置するということは太陽電池の一部は太陽の光を受けられないということだよね…
あ　そーか！
胴体がすべて太陽を向くということはありえないんだ！
ということは発電量が少なくなるってことなの？
…？

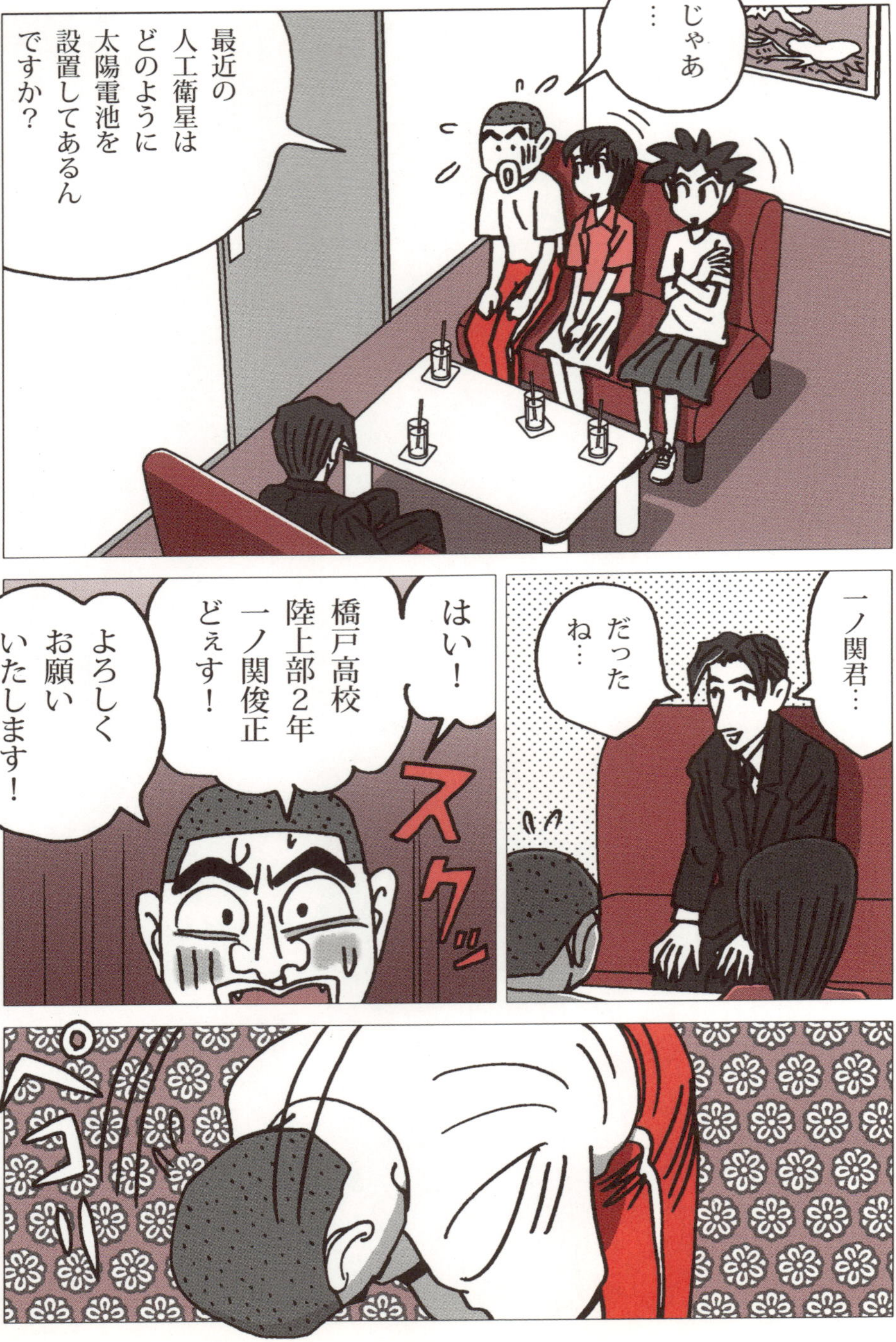
じゃあ……
最近の人工衛星はどのように太陽電池を設置してあるんですか？
一ノ関君…
だったね…
はい！
橋戸高校陸上部２年一ノ関俊正どぇす！
スクッ
よろしくお願いいたします！
ペコ

257
(4) 人工衛星

一ノ関君は じつに ハキハキしていて 気持ちがいいね～
はい！
スポーツマンの 常識です！
ぼくらは 常識ないのか なぁ～
一ノ関君
最近の人工衛星では 太陽電池が 大きな翼のように 広がって 太陽の光を十分に 受けられるように 設計されているんだよ

じゃあ発電能力もアップしたんですね
気象衛星
ひまわり６号
そうだよ
発電能力がアップしたのならデータを収集する回数や観測内容なども改善されたんですかね？
よく気がついたね一ノ関君！
ほぉ〜
へ〜
さすがは先輩！
特訓の成果ですね
へへへ照れるぜ…

たしかに
発電量が増えれば
それだけ稼働能力を
追加できるわけだね
いよぉし！
野辺さん
衛星から地球までの
距離は　どのくらい
あるんですか？
衛星
36000km
衛星が
静止軌道上にあるときの
地球と人工衛星との距離は
およそ３６０００kmだよ
ふ～ん
そんなに
遠く離れた地点から
発信される情報を
地球でキャッチ
するんですか…
じつは　宇宙に
巨大な太陽電池を広げて
発電し　マイクロ波で
地球にデータを送る
計画もあるんだよ

大電力をマイクロ波で送るんですか！
すごいなぁ～太陽電池恐るべし…
そこで 地上の受電アンテナの直径が数km～10kmだからいかにしてマイクロ波ビームを制御するかが重要になってくるんだよ
受信アンテナの直径
数km～１０km
ふ～ん…
いったいどういう仕組みになっているんですか？
まず地上の受電施設から送信されるパイロット信号を受信する…

①地上の受電施設からパイロット信号を送信します。
②パイロット信号を受信したら、その方向にマイクロ波ビームを向けることができる送電アンテナを駆動します。
次に その方向に正確に マイクロ波ビームを 向けることができる 送電アンテナを 駆動させる ようだね
送電 アンテナ …
送電アンテナには 旧来の パラボラ・アンテナのように アンテナ全体の向きを 変えるものではなく 電気的に ビームの方向制御ができて 電力効率の高いアンテナを 使用するようだね
へ～ すごいな～

P チェックポイント

・人工衛星の太陽電池を大きな翼のように広げ、太陽の光を十分に受けられるように設計されています。

・宇宙に巨大な太陽電池を広げて発電し、マイクロ波で地球にデータを送ることが可能になります。

（5）広がる太陽電池の利用

太陽電池ってすでに様々なところで使われているんだね
ねぇ野辺さん他にはどういうところで使われているんですか？
たとえば道路標識だね
でも太陽電池って蓄電できないんでしょ
てことは夜間は使えないと思うけど…？
だから太陽が出ている日中は太陽電池で発電して…
蓄電池を利用
蓄電池に蓄えた電力を夜間の発電用に充てているんだよ

263
（5）広がる太陽電池の利用

なるほど…
太陽電池を使えば信号に電線を引かなくて済むから便利かも…
とくに電線を引くのが困難な地域ではすっごい便利よねぇ
そうか
ほんと便利だよな…！
それと　灯台とか飛行機の安全のために高い鉄塔の上なんかに設置するのもいいんじゃないか…

さすがは一ノ関先輩！良いアイデア出しますね～
わははまーな！
一ノ関先輩にヨイショしちゃて～
案外男の操縦上手いのかもな
気をつけなくっちゃ…
すっごぉぉ～～い
わはははは……
みんな良いアイデアを出すねぇ
実際灯台や　人間が入り込めないような危険な地域に太陽電池が利用されているんだよ
灯台は無人島に設置されることも多くかつてはディーゼルエンジンで稼働していたから人間を常駐させなければならなかった
ところが太陽電池に切り換えることでそうした灯台を無人化することができるようになったんだ
ふ～ん…

265
（5）広がる太陽電池の利用

一ノ関先輩
ナイス
アイデア
でしたぁ！
ステキ
奈良橋
おまえ
明日の
部室の掃除
せんでいいぞ
ほんとっ
すかー
先輩
したたかや
のぉ〜
なわけ
ねーだろ
ジョークだよ
ジョーク！
砂漠には　すでに
太陽電池が設置されていて
もう人々の生活に
役立っているんだよ
砂漠の中に
電線を引くことが
できずに
今まで不自由を
強いられていた
人たちにとって
夜間の照明や
水を確保するための
機械の稼働は
重要なことだよね

電気があれば冷蔵庫が使えるな
ですよね！砂漠で冷たい飲み物が飲めるじゃないですか！
あらそれよりもっとすごいことができるわよ！
砂漠で水を汲み上げることができたら砂漠を緑化することもできるんじゃないかしら！
たしかに可能性は大いにあるよ！

267
(5) 広がる太陽電池の利用

すげぇ～
すごいわ～
砂漠がすべて畑になったら人類の食糧問題は一気に解決するわよ！
ほんと！マジすっげ～！
太陽電池の利用はまだまだたくさんあるけど…
一応はここまでということにしよう！
ありがとうございました！

チェックポイント

- 灯台や人間が入り込めないような危険な地域に、太陽電池が利用されています。
- 砂漠には、すでに太陽電池が設置されて、人々の生活に役立っています。

加納家は新築され、屋根には、太陽光発電システムが設置されました。
…え！雪絵の家も太陽光発電にするの！
そうよ

269
（5）広がる太陽電池の利用

一ノ関先輩のところなんかもう来週には設置できるそうよ
はや～
野辺さんまたポイント上げたんじゃない…
大昔から、私たちの祖先は、太陽のエネルギーを享受して生きてきました。それは現在でも同じであり、未来永劫、普遍的な論理です。
太陽電池は、人類の未来を明るく照らしてくれるものであり、地球に優しいエネルギーなのです。
おしまい

電気用図記号

①

名　　称	図記号	名　　称	図記号
抵抗器 (一般図記号)	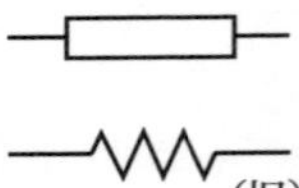 (旧)	コンデンサ	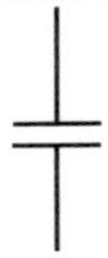
可変抵抗器	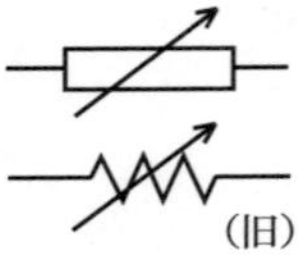 (旧)	可変コンデンサ	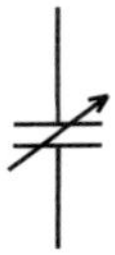
インダクタコイル 巻線 チョーク (リアクトル)	 (旧)	磁心入インダクタ	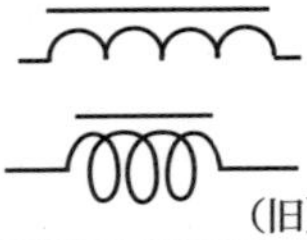 (旧)
半導体ダイオード	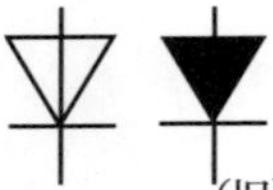 (旧)	PNP トランジスタ	
発光ダイオード	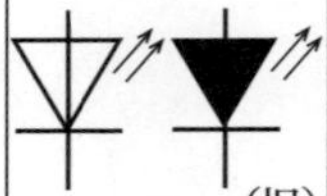 (旧)	NPN トランジスタ	
一方向性降伏 ダイオード 定電圧ダイオード ツェナーダイオード	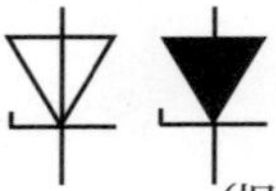 (旧)	直流直巻電動機	
直流分巻電動機		直流複巻発電機	
三相かご形誘導電動機		三相巻線形 誘導電動機	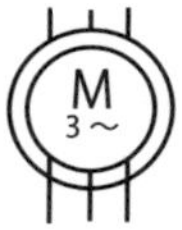

電気用図記号

②

名　　称	図記号	名　　称	図記号
二巻線変圧器	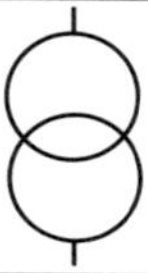	三巻線変圧器 様式 1	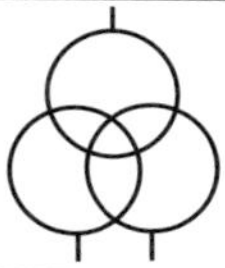
発電機（同軸機以外）		太陽光発電装置	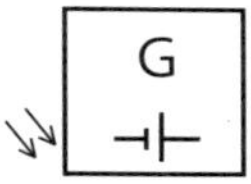
スイッチ メーク接点	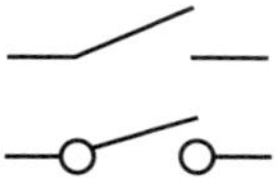 （旧）	ブレーク接点	
切換スイッチ	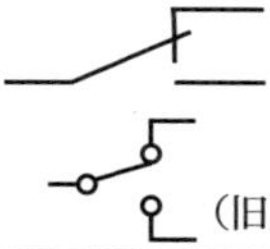 （旧）	ヒューズ	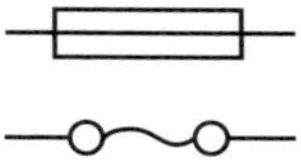 （旧）
電流計		電圧計	
周波数計		オシロスコープ	
検流計		記録電力計	
オシログラフ		電力量計	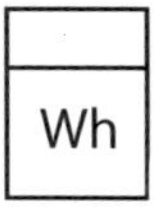

電気用図記号

③

名　　称	図記号	名　　称	図記号
ランプ		ベル	
ブザー		スピーカ	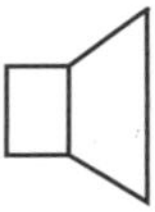
アンテナ		光ファイバまたは 光ファイバケーブル	
オペアンプ	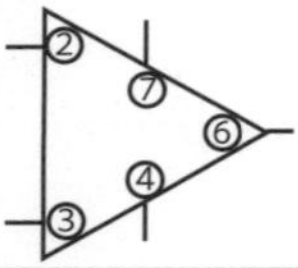	ルームエアコン	
換気扇		蛍光灯	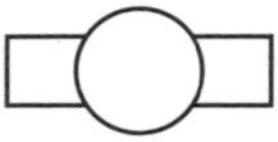
白熱電球		リレー	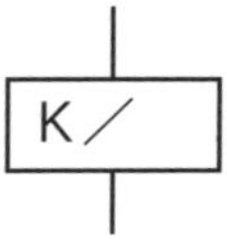
ヒータ	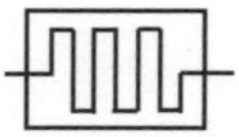	三巻線変圧器 様式 2	
理想電圧源	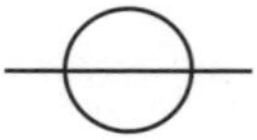	分電盤	

電気用図記号

④

名　　称	図記号	名　　称	図記号
配電盤		ジャック	J
コネクタ	C	増幅器	AMP
中央処理装置	CPU	テレビ用アンテナ	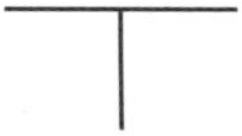
パラボラアンテナ	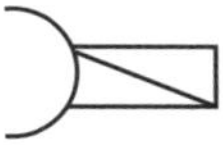	警報ベル	B
受信機	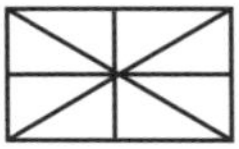	表示灯	
モニタ	TVM	警報制御盤	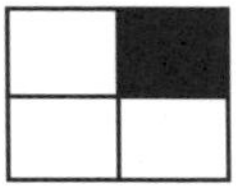
電柱		起動ボタン	E
煙感知器	S	熱感知器	

高橋達央プロフィール
1952年秋田県生まれ．マンガ家．
秋田大学鉱山学部（現工学資源学部）電気工学科卒．
主な著書は，「マンガ　ゆかいな数学（全2巻）」（東京図書），「マンガ　秋山仁の数学トレーニング（全2巻）」（東京図書），「マンガ　統計手法入門」（CMC出版），「マンガ　マンション購入の基礎」（民事法研究会），「マンガ　マンション生活の基礎（管理編）」（民事法研究会），「まんが　千葉県の歴史（全5巻）」（日本標準），「まんがでわかる　ハードディスク増設と交換」（ディー・アート），「［脳力］の法則」（KKロングセラーズ），「欠陥住宅を見分ける法」（三一書房），「悪徳不動産業者撃退マニュアル」（泰光堂），「脳リフレッシュ100のコツ」（リフレ出版），「マンガde電気回路」「マンガde電磁気学」（電気書院）他多数．著書100冊以上を数える．
趣味は卓球

マンガde太陽電池

2010年3月25日　第1版第1刷発行

著　者　高橋　達央
発行者　田中　久米四郎

発　行　所
株式会社　電　気　書　院
www.denkishoin.co.jp
振替口座　00190-5-18837
〒101-0051
東京都千代田区神田神保町1-3　ミヤタビル2F
電話　(03)5259-9160
FAX　(03)5259-9162

ISBN 978-4-485-60012-2　C3354　㈱シナノ パブリッシング プレス
Printed in Japan

• 万一，落丁・乱丁の際は，送料当社負担にてお取り替えいたします．弊社までお送りください．
• 本書の内容に関する質問は，書名を明記の上，編集部宛に書状またはFAX（03-5259-9162）にてお送りください．本書で紹介している内容についての質問のみお受けさせていただきます．電話での質問はお受けできませんので，あらかじめご了承ください．